钢铁工业协同创新关键技术

——东北大学钢铁共性技术协同创新中心 2022—2023年成果集

钢铁共性技术协同创新中心　编

北　京
冶　金　工　业　出　版　社
2024

内 容 提 要

本书的内容涵盖了钢铁材料的研发、生产工艺的优化、节能减排技术的应用以及数字化转型等多个方面，集中介绍了东北大学钢铁共性技术协同创新中心第二轮建设取得的科研成果，具体包括铁矿资源绿色开发利用、低碳炼铁、高效炼钢—连铸、高端特殊钢、先进热轧工艺、先进冷轧工艺、短流程、数字化、汽车用钢等方面。

本书可供从事钢铁全流程生产技术开发人员和科研人员阅读，也可供相关专业的大专院校师生参考。

图书在版编目(CIP)数据

钢铁工业协同创新关键技术：东北大学钢铁共性技术协同创新中心2022—2023年成果集/钢铁共性技术协同创新中心编．—北京：冶金工业出版社，2024.3

ISBN 978-7-5024-9823-8

Ⅰ．①钢… Ⅱ．①钢… Ⅲ．①钢铁工业—新技术—文集 Ⅳ．①TF4-53

中国国家版本馆CIP数据核字(2024)第062481号

钢铁工业协同创新关键技术

出版发行 冶金工业出版社　**电　话** (010)64027926
地　址 北京市东城区嵩祝院北巷39号　**邮　编** 100009
网　址 www.mip1953.com　**电子信箱** service@mip1953.com

责任编辑 卢 敏 姜恺宁 李泓璇 美术编辑 吕欣童 版式设计 郑小利
责任校对 葛新霞 责任印制 禹 蕊
北京捷迅佳彩印刷有限公司印刷
2024年3月第1版，2024年3月第1次印刷
787mm×1092mm 1/16；8.75印张；171千字；134页
定价 129.00 元

投稿电话 (010)64027932 投稿信箱 tougao@cnmip.com.cn
营销中心电话 (010)64044283
冶金工业出版社天猫旗舰店 yjgycbs.tmall.com
(本书如有印装质量问题，本社营销中心负责退换)

前　言

2014 年 10 月，以东北大学和北京科技大学两所冶金特色高校为核心，联合企业、研究院所、其他高等院校共同组建的钢铁共性技术协同创新中心通过教育部、财政部认定，正式开始运行。

东北大学工艺与装备研发平台围绕钢铁行业关键共性工艺与装备技术，根据平台顶层设计总体发展思路，以及各研究方向拟定的任务和指标，通过产学研深度融合和协同创新，第一轮建设运行过程中，在采矿与选矿、冶炼、热轧、短流程、冷轧、信息化智能化六个研究方向上，开发出了新一代钢包底喷粉精炼工艺与装备技术、高品质连铸坯生产工艺与装备技术、炼铸轧一体化组织性能控制、极限规格热轧板带钢产品热处理工艺与装备、薄板坯无头/半无头轧制＋无酸洗涂镀工艺技术、薄带连铸制备高性能硅钢的成套工艺技术与装备、高精度板形平直度与边部减薄控制技术与装备、先进退火和涂镀技术与装备、复杂难选铁矿预富集悬浮焙烧磁选（PSRM）新技术、超级铁精矿与洁净钢基料短流程绿色制备、长型材智能制造、扁平材智能制造等钢铁行业急需的关键共性技术。这些关键共性技术中的绝大部分属于我国科技工作者的原创技术，有落实的企业和产线，已经在我国的钢铁企业得到了成功的推广和应用，促进了我国钢铁行业的绿色转型发展，多数技术整体达到了国际领先水平，为我国钢铁行业从“跟跑”到“领跑”的角色转换，实现“工艺绿色化、装备智能化、产品高质化、供给服务化”的奋斗目标，做出了重要贡献。

2022 年东北大学钢铁共性技术协同创新中心（以下简称：中心）进入新一轮建设，在深入推进新型工业化，加快建设现代化产业体系背景下，自主研发创新技术，加快推动钢铁行业高质化、数字化、绿色化发展，迫在眉睫，势在必行！新一轮建设启动以来，中心紧紧围绕铁矿资源绿色开发利用、低碳炼铁、高效炼钢—连铸、高端特殊钢、先进热轧工艺、先进冷轧工艺、短流程、数字化、汽车用钢九大研发方向，攻克了一系列行业关键共性技术难题，引领了行业发展方向。本书的内容涵盖了钢铁材料的研发、生产工艺的优化、节能减排技术的应用以及数字化转型等多个方面。通过详细的实验数据和实际应用案例，深入浅出地阐述了这些技术的原理和应用效果，集中展示了中心各研究方向取得的创新研发成果。研究成果不仅体现在技术创新上，还体现在与企业的紧密合作中。我们与众多国内知名钢铁企业建立了广泛的合作关系，将研究成果转化为实际生产力，为企业提供了技术支持和解决方案。这种产学研合作模式促进了科技与产业的有机融合，为钢铁行业的转型升级注入了新的动力。

未来，东北大学钢铁共性技术协同创新中心将继续秉承创新、协同、开放的理念，紧密围绕国家战略需求和行业发展趋势，加强基础研究和前沿技术探索，不断推动钢铁共性技术的发展和应用。我们将进一步深化产学研合作，推动构建以企业为主体、市场为导向、产学研高效协同深度融合的技术创新体系。以创新驱动为核心，加快推进新型工业化建设，以新质生产力赋能钢铁业高质量发展，为中国式现代化发展做出新的更大贡献。

在本书的编写过程中，得到了众多专家、学者和企业的支持与帮助。在此，我们向他们表示衷心的感谢！同时，也要感谢所有为本书出版付出辛勤努力的科研人员、教师和学生、工作人员，以及支持和关注我们工作的各界人士。希望本书的出版能够为钢铁行业的发展提供有益的参考和借鉴，推动行业技术进步，为我国钢铁工业的可持续发展贡献力量。

让我们携手共进，共同开创钢铁行业的美好未来！

作　者

2024 年 2 月

目　录

铁矿资源绿色开发利用

方向首席：韩跃新

难选铁矿资源氢基矿相转化高效分选技术

1 引言

我国铁矿资源丰富，探明资源量达850.8亿吨，但复杂难选铁矿资源占比超过80%，典型难利用铁矿资源总储量达200亿吨以上，广泛分布于辽宁、河北、陕西、新疆、内蒙古等地。由于该类铁矿资源结晶粒度微细、矿物组成复杂，采用常规选矿技术无法获得较好的技术经济指标，大部分资源尚未获得工业化开发利用，部分资源虽得以开发，但选矿工艺复杂、成本较高，回收率仅能达到60%甚至更低。因此，研发自主创新技术，实现我国复杂难选铁矿石高效清洁利用，强化我国铁矿资源保障能力具有重要的战略意义。

针对难选铁矿资源开发利用率低的现状，东北大学钢铁共性技术协同创新中心“铁矿资源绿色开发利用”方向突破传统磁化焙烧的理念，提出了难选铁矿资源氢基矿相转化高效分选技术，即采用氢气或富氢气体作为还原剂将矿石中弱磁性铁矿物赤铁矿、褐铁矿和菱铁矿转化为强磁性磁铁矿，进而实现高效分选。研究团队遵循“基础研究—小试突破—中试验证—工程示范—推广应用”科技成果转化新模式，围绕典型铁矿物氢基矿相转化规律及调控机制、氢基矿相转化系统气固流动特性及工程放大、难选铁矿石氢基矿相转化半工业试验、示范工程建设及推广应用等关键环节开展工作，取得如下主要研究进展。

2 主要研究进展

2.1 典型铁矿物氢基矿相转化规律及调控机制研究

复杂难选铁矿石中通常含有弱磁性铁矿物赤铁矿、褐铁矿和菱铁矿，不同种类铁矿物转化为磁铁矿的反应差异较大，导致矿相转化过程易产生欠还原和过还原现象，因此实现矿相转化过程精准调控至关重要。

热力学研究方面，采用HSC软件进行了典型铁矿物氢基矿相转化的热力学模拟计算，发现在450~650 ℃还原温度范围内，Fe_2O_3 还原为 Fe_3O_4 的反应极易发生，当还原温度低于570 ℃时，铁氧化物按照 $Fe_2O_3 \rightarrow Fe_3O_4 \rightarrow Fe$ 的顺序被还原；当还原温度高于 570 ℃时，铁氧化物按照 $Fe_2O_3 \rightarrow Fe_3O_4 \rightarrow FeO \rightarrow Fe$ 的顺序被还原。

动力学研究方面，自主搭建了氢基矿相转化动力学分析系统，选取具有代表性的赤铁矿纯矿物样品开展反应过程动力学研究，发现 H_2、CO 及 H_2-CO 还原体系下氢基矿相转化过程反应动力学适宜机理函数均为成核与生长模型中的 A_2 模型，积分形式为 $F(\alpha)=[-\ln(1-\alpha)]^{1/2}$；$H_2$ 还原体系下，表观活化能 E_α 为 127.71 kJ/mol，指前因子 ln$A$ 为 16.82 min^{-1}；CO 还原体系下，表观活化能 E_α 为 81.84 kJ/mol，指前因子 ln$A$ 为 9.01 min^{-1}。

赤铁矿氢基矿相转化过程物相转化及微观结构演化规律研究表明（见图 1），适当提高还原温度、延长还原时间和提高 H_2/CO 摩尔比均有助于强化赤铁矿转化为磁铁矿的反应进程，增强还原产品磁性；随着还原温度升高和还原时间延长，赤铁矿颗粒由致密块状结构向多孔隙的疏松块状结构转变；同一还原条件下，H_2 还原颗粒的结构破坏程度明显高于 CO 还原颗粒。随着 H_2/CO 摩尔比增大，还原颗粒表面粗糙度提高，微裂纹和气孔的尺寸和数量均显著增大，以上研究为铁矿物氢基矿相转化过程的调控奠定了理论基础。

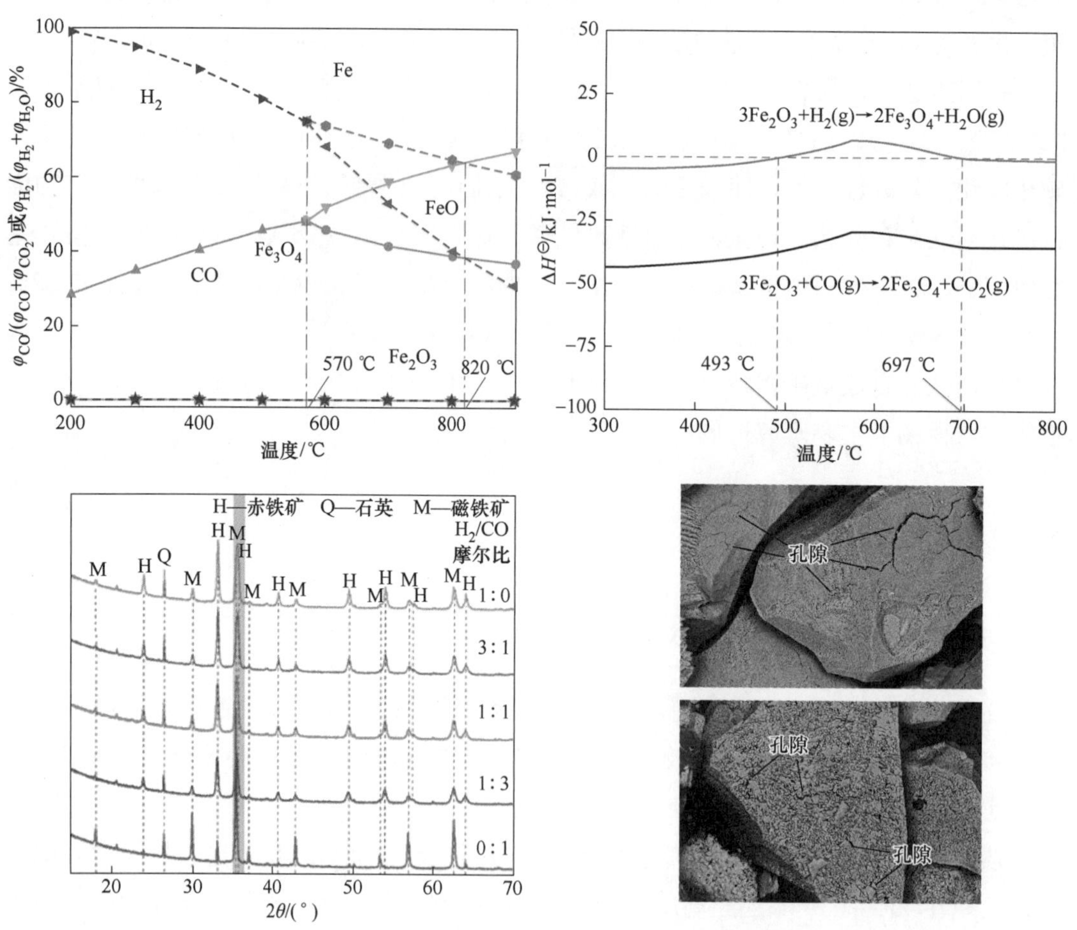

图 1 铁矿物氢基矿相转化过程热力学及物相转化规律

2.2 氢基矿相转化系统气固流动特性研究及工程设计

氢基矿相转化系统为矿石颗粒聚集的浓相和流体运动的稀相共存体系，气固流动涵盖了鼓泡床、快速流态化、气力输送等流态化形式，探明多因素耦合影响下矿石颗粒流动特性可为工程放大提供理论支撑。

基于以上需求，分别构建了氢基矿相转化装备给料预热系统、加热系统、还原系统及冷却系统三维物理模型，通过冷态试验及 CFD 数值模拟研究，查明了加热系统内轴向及径向温度分布特征，揭示了气固两相速度分布规律；探明了工艺参数、物料特性及结构参数对氢基矿相转化装备还原系统、冷却系统的压力分布、颗粒速度、分离效率等的影响规律，为各系统结构参数的确定和工艺参数的选择奠定基础。并采用三维可视化、模块化设计方法，自主设计了氢基矿相转化装备的文丘里干燥系统、二级旋风预热系统、悬浮态蓄热还原系统等关键核心构件，实现了氢基矿相转化装备的结构设计。

2.3 难选铁矿石氢基矿相转化半工业试验及工业应用进展

基于典型铁矿物氢基矿相转化规律及气固流动特性等研究结果，对朝阳东大矿冶研究院原有的半工业试验系统进行结构优化改造、实现提产升级，并利用其完成了海南矿业石碌铁矿、包钢白云鄂博中贫氧化矿、马来西亚褐铁矿、伊朗 Novin 铁矿等多种难选铁矿的半工业试验研究，均获得优异的技术指标，各项目进展情况如下。

2.3.1 海南矿业 200 万吨/年氢基矿相转化项目

针对海南矿业含硫铁矿石，研发成功了预选脱硫—氢基矿相转化—磁选技术。在原矿 TFe 品位 40.60% 的条件下，获得了铁精矿 TFe 品位 65.68%、铁回收率 85.56% 的优异指标，较现有工艺铁精矿品位提高了 3 个百分点，铁回收率提高了 20 个百分点。东北大学联合海南矿业、上海逢石等企业在海南矿业完成了 200 万吨/年氢基矿相转化高效利用示范工程建设工作（见图 2），2023 年 11 月完成点火烘炉；目前天然气裂解、脱硫脱硝等附属设施正在建设，预计 2024 年投料试车，实现达产顺行。

2.3.2 白云鄂博中贫氧化矿 160 万吨/年氢基矿相转化项目

白云鄂博选矿厂堆存废石中富含稀土、铁、萤石等有价组分，该类废石堆存量大，仅中贫氧化矿堆存约 2000 万吨。东北大学采用预选—氢基矿相转化—阶段磨磁—反浮选脱氟工艺，半工业试验获得 TFe 品位 65.26%、TFe 回收率 80.68%、氟含量 0.28%

图2 海南矿业200万吨/年工程系统

的铁精矿，实现有价元素的高效回收。目前已完成160万吨/年氢基矿相转化项目可研工作，计划与当地政府合作建厂，明年开工建设。

2.3.3 国外难选铁矿和排岩废石沿海加工建厂项目

基于前期良好的工程实践基础，提出了国外难选铁矿和排岩废石沿海加工建厂新思路，即以国外TFe品位45%～55%的难选铁矿石为原料，在辽宁、江苏、山东等沿海地区新建或改造氢基矿相转化工程，将年产TFe品位大于65%的铁精矿产品进行销售，尾矿作为建筑材料的原料，实施全组分利用。该类矿石原料在海外无法作为优质矿石进行销售，价格低廉；同时，在港口建厂可采用海运的方式，大幅度节约运输成本，从而实现经济效益最大化。

目前已与厦门象屿集团合作在江苏盐城大丰港开展氢基矿相转化改造项目，该项目原矿处理能力260万吨/年，将于2024年建成投产，预计年产铁精矿200万吨；拟与丹东临港集团有限公司合作在丹东港建设600万吨/年氢基矿相转化工程，已完成可行性研究报告，年产铁精矿452万吨；与青岛特钢集团合作，在青岛建设300万吨/年海外铁矿氢基矿相转化工程，计划2025年建成投产。

2.3.4 马来西亚褐铁矿氢基矿相转化项目

马来西亚铁矿资源储量超过1亿吨，其铁矿石品位约50%，主要分布在彭亨、丁加奴和柔佛三州。马来西亚褐铁矿中含铁矿物以褐铁矿为主，矿石中部分铁矿物嵌布粒度微细，磨、选难度大。针对原矿TFe品位为49.66%样品开展氢基矿相转化—磁选试验，可获得精矿TFe品位59.85%、铁回收率98.47%，尾矿TFe品位13.58%的技术指标。

2.3.5 伊朗 Novin 难选铁矿氢基矿相转化项目

伊朗拥有丰富的铁矿石资源，主要分布在赞詹省、霍尔木兹甘斯坦省等。伊朗 Novin 铁矿储量 28 亿吨，原矿中 TFe 品位为 47.54%，主要以赤褐铁矿形式存在，结晶粒度较细，选别难度较大。针对伊朗 Novin 难选铁矿的特点，采用氢基矿相转化—选工艺流程，可获得铁精矿 TFe 品位高达 65.00%、回收率高达 94.92% 的技术指标，富集效果显著。

3 结语

氢基矿相转化工艺属于国际首创的复杂难选铁矿石高效利用新技术，该技术具有生产能力大、环保无污染、生产成本低及自动化程度高的特点。目前，东北大学不仅围绕难选铁矿资源氢基矿相转化开展了基础研究工作，还将该技术推广至含铁多金属等矿产资源加工利用领域。研究表明，采用氢基矿相转化技术处理海南含硫铁矿石、包钢中贫氧化矿、马来西亚褐铁矿石等均获得了优异的选别指标。海南矿业 200 万吨/年氢基矿相转化工程项目已完成主体工程建设，包钢白云鄂博、盐城大丰海外矿加工等项目已完成可行性研究，以上项目的建设及运行，将为氢基矿相转化技术的推广应用奠定坚实基础。

复杂难选铁矿石氢基矿相转化技术的成功推广，一方面可实现我国难选赤铁矿、褐铁矿和菱铁矿石以及含铁多金属矿产资源的高效利用，初步估计可盘活铁矿资源 100 亿吨以上；另一方面可大幅提高我国难选铁矿石的回收率，预计较现有工艺提高 15 个百分点以上，是我国复杂难选铁矿石高效利用方面的重大突破，推广应用前景广阔。

韩跃新　高　鹏　靳建平　唐志东　余建文

菱铁矿低氧势自磁化焙烧高效利用新技术与装备

1 引言

铁矿资源是钢铁工业的保障性原料，为国家战略性矿产，也属于我国重大需求，对国家安全和发展具有突出的战略意义。我国菱铁矿资源丰富，探明资源储量达18.34亿吨。然而，菱铁矿具有理论品位低、矿物组成复杂、硬度低、易泥化等特点，采用常规的选矿工艺难以获得良好的技术指标，目前仍未获得高效开发利用。因此，通过理论和技术创新实现该类复杂难选铁矿资源的高效开发利用具有重要意义。

针对菱铁矿品位低、禀赋差、整体利用率低的现状，东北大学钢铁共性技术协同创新中心“铁矿资源绿色开发利用”方向提出了菱铁矿低氧势自磁化焙烧新技术，即通过精准控制焙烧体系氧势将矿石中菱铁矿定向分解为磁铁矿和CO，同时利用生成的CO将矿石中赤、褐铁矿原位还原为磁铁矿。研究团队围绕菱铁矿受热分解行为及影响因素、菱铁矿物相定向转化调控机制等关键科学问题进行了深入研究，开发了菱铁矿低氧势自磁化新技术装备，取得如下主要研究进展。

2 菱铁矿低氧势自磁化焙烧热力学基础

菱铁矿在不同焙烧气氛下的反应行为差异显著。利用热力学软件对菱铁矿焙烧过程中可能发生的化学反应进行了热力学模拟计算。结果表明：在空气气氛中，菱铁矿首先分解为FeO和CO_2，FeO又会和O_2进一步发生反应生成Fe_3O_4和Fe_2O_3，最终分解固相产物为Fe_2O_3。在中性或惰性气氛中，菱铁矿在高温下会发生热分解反应生成FeO和CO_2，由于新生成FeO的性质不稳定，会与CO_2迅速发生反应生成Fe_3O_4和CO，最终分解固相产物为Fe_3O_4。在还原气氛中，菱铁矿热分解转化为FeO和CO_2，生成的FeO被还原气体还原为金属Fe。

菱铁矿低氧势自磁化焙烧过程中，菱铁矿按照$FeCO_3 \rightarrow FeO \rightarrow Fe_3O_4$的顺序逐级进行反应，温度会影响菱铁矿热分解产物组分的比例。350 ℃左右时菱铁矿开始热分解生成CO_2，430 ℃时开始有CO产生，620 ℃是生成CO的最佳温度，超过620 ℃时

CO 和 Fe_3O_4 的含量开始下降，表明 $FeO \rightarrow Fe_3O_4$ 的反应受到抑制。因此，在菱铁矿热分解的过程中要控制好反应温度。当菱铁矿矿石中含有部分赤、褐铁矿时，菱铁矿分解生成的 CO 会直接与赤、褐铁矿反应，将其还原为磁铁矿，反应生成的 CO_2 则会进一步与菱铁矿分解产生的 FeO 反应生成 CO 和 Fe_3O_4。可见，赤、褐铁矿的存在可以促进菱铁矿的定向转化，菱铁矿可以同步磁化还原赤褐铁矿。

3 菱铁矿低氧势自磁化焙烧反应规律

以菱铁矿单矿物为原料，在空气、N_2 及 CO_2 气氛下开展磁化焙烧试验研究，利用 XRD、VSM 和 SEM-EDS 等检测手段，分析了菱铁矿焙烧过程中物相转化、磁性转变和微观结构演变规律，菱铁矿在不同气氛下焙烧过程物相转化和磁性转变规律如图 1 所示。研究发现，在空气气氛下，焙烧时间为 2.5 min 时，焙烧产物主要为菱铁矿以及少量的赤铁矿；当焙烧时间延长至 10 min 时，焙烧产物的主要衍射峰为菱铁矿和赤铁矿；继续延长焙烧时间至 15 min，焙烧产物中菱铁矿衍射峰强度进一步减弱，表明更多的菱铁矿转化为赤铁矿。随着焙烧时间的延长，焙烧产物的最大比磁化系数呈现出先增加后减小的变化趋势；当焙烧时间从 2.5 min 延长至 10 min 时，焙烧产物最大比磁化系数增大，表明菱铁矿部分转化为强磁性铁矿物，结合 XRD 分析结果可以推断菱铁矿转化为部分磁赤铁矿；继续延长焙烧时间，焙烧产物的最大比磁化系数下降，表明新生成的磁赤铁矿又逐渐转化为赤铁矿。随着焙烧的进行，菱铁矿沿着原有裂缝由外至内迅速分解生成赤铁矿，未发生反应的菱铁矿部分结构完好，颗粒内部裂缝不断发育，裂纹数量明显增多；颗粒内部有 FeO 相存在，表明菱铁矿加热分解为 FeO，且新生成的 FeO 因未与空气接触，故未被氧化为赤铁矿；继续延长焙烧时间，菱铁矿全部转化为赤铁矿，颗粒上裂纹之间相互连接贯通，形成多孔疏松结构。结果表明，空气气氛下焙烧过程中菱铁矿首先分解为 FeO，FeO 被氧化为赤铁矿和少量磁赤铁矿，磁赤铁矿逐渐转变为赤铁矿，最终分解固相产物为赤铁矿。

在 N_2 气氛下，当焙烧时间为 2.5 min 时，焙烧产物的主要衍射峰为菱铁矿，出现了磁铁矿的衍射峰，表明部分菱铁矿转化为磁铁矿；当焙烧时间延长到 10 min 时，焙烧产物的菱铁矿衍射峰强度大幅减弱，磁铁矿衍射峰强度大幅增强，并出现了 FeO 的衍射峰；继续延长焙烧时间至 15 min，焙烧产物的主要衍射峰为磁铁矿，菱铁矿的衍射峰消失，同时存在少量 FeO 的衍射峰，表明菱铁矿全部转化为磁铁矿和 FeO。随着焙烧时间的延长，焙烧产物的最大比磁化系数呈现出逐渐增大的趋势，表明焙烧产物的磁性逐渐增加；结合对应的 XRD 图谱可知焙烧过程中菱铁矿转化为强磁性的磁铁矿，故此焙烧产物的磁性逐渐增强。结果表明，在 N_2 气氛焙烧过程中菱铁矿首先分解

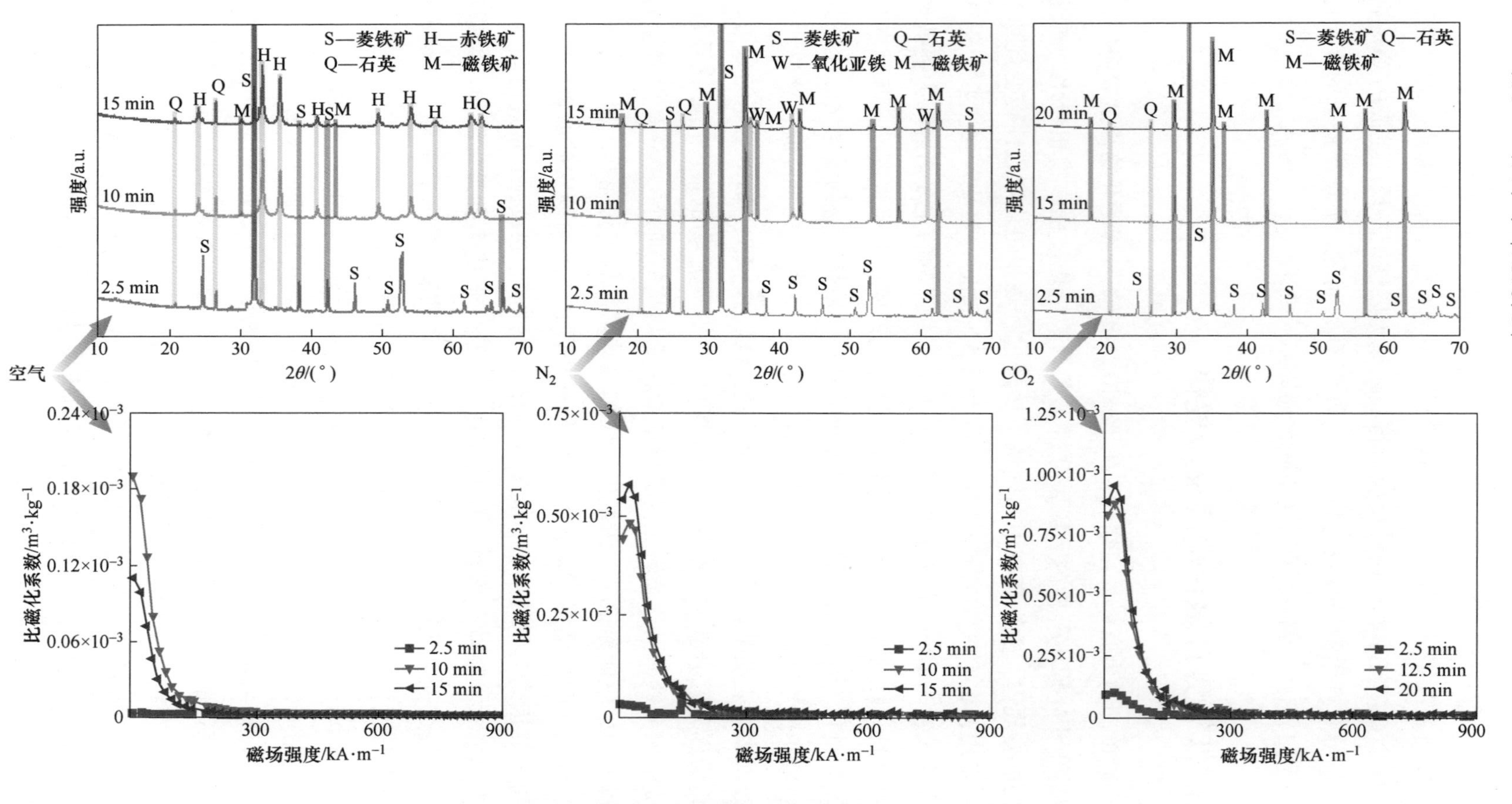

图 1　菱铁矿焙烧过程物相转化和磁性转变规律

为 FeO，FeO 与分解产生的 CO_2 反应转化为磁铁矿。

在 CO_2 气氛下，当焙烧时间为 2.5 min 时，焙烧产物的主要衍射峰为菱铁矿，同时出现了少量磁铁矿的衍射峰，表明部分菱铁矿转化为磁铁矿；当焙烧时间延长至 15 min 时，焙烧产物的主要衍射峰为磁铁矿，菱铁矿的衍射峰消失，表明菱铁矿全部转化为磁铁矿。与 N_2 气氛相比可知，CO_2 气氛焙烧过程中并未出现 FeO 相。随着焙烧时间的延长，焙烧产物的最大比磁化系数呈现出不断增大的趋势，表明焙烧产物的磁性逐渐增加，这是由于 N_2 气氛焙烧过程中菱铁矿逐渐转化为强磁性的磁铁矿；CO_2 气氛下焙烧产物的最大比磁化系数明显高于 N_2 气氛下焙烧产物，这是因为 CO_2 气氛下菱铁矿可以全部转化为磁铁矿。焙烧过程中，颗粒内部裂缝和边缘部分菱铁矿首先发生热分解，转变为磁铁矿，颗粒内部出现少量微细裂纹；焙烧进行至 15 min 时，颗粒主要由磁铁矿构成，没有发现 FeO 的存在，且颗粒内部裂纹数量增加，颗粒内部的裂纹不断发育、延伸，颗粒结构变得疏松。结果表明，在 CO_2 气氛焙烧过程中菱铁矿可以逐渐全部转化为磁铁矿，获得的焙烧产物磁性最强，有利于后续磁选分离。

4 菱铁矿低氧势自磁化焙烧工艺优化

由不同焙烧气氛下菱铁矿分解热力学、物相转化、磁性演变等规律可知，通过调控焙烧过程气氛（即氧势），在 CO_2 气氛（即低氧势）下即可以实现菱铁矿全部转化为磁铁矿。基于上述分析，研究团队提出了菱铁矿低氧势自磁化焙烧新技术。以我国典型的陕西大西沟菱铁矿石为原料，开展低氧势自磁化焙烧温度、焙烧时间和 CO_2 浓度条件试验，验证采用该新技术处理菱铁矿石的可行性。研究结果表明，当焙烧温度由 550 ℃升高到 700 ℃时，磁选精矿铁品位由 56.21% 升高到 59.10%，磁选精矿铁回收率由 81.07% 增加到 85.40%；继续升高焙烧温度，磁选精矿铁品位和回收率趋于稳定。焙烧时间对焙烧产品的磁选指标影响较大，磁选精矿回收率随着焙烧时间的增加，呈现先增加后缓慢下降的趋势；当焙烧时间由 5 min 增加到 20 min 时，磁选精矿回收率由 79.19% 增加到 85.19%；当时间继续增加时，精矿回收率开始下降；焙烧时间对磁选精矿品位影响较小，随着焙烧时间的延长，精矿品位在 59.50% ~60.00% 之间波动。随着 CO_2 浓度的增加，磁选精矿铁回收率呈现先增加后趋于稳定的变化趋势；当 CO_2 浓度由 5% 增加到 15% 时，精矿回收率由 84.36% 增加到 85.23%；当 CO_2 浓度继续增加，精矿回收率保持稳定；CO_2 浓度变化对磁选精矿品位影响较小，精矿品位在 59.50% 上下浮动。综上可知，大西沟菱铁矿石低氧势自磁化焙烧适宜的条件为 CO_2 浓度 15%、焙烧温度 700 ℃、焙烧时间 20 min，可获得磁选精矿 TFe 品位 59.50%、铁回收率 85.23% 的良好指标。

5 菱铁矿低氧势自磁化焙烧半工业系统建设

研究团队基于菱铁矿低氧势自磁化焙烧的研究成果，开发设计了低氧势自磁化焙烧新型装备，并于朝阳东大矿冶研究院建成了低氧势自磁化焙烧半工业试验系统，如图 2 所示。低氧势自磁化焙烧新型装备主要包括：给料系统、预热系统、自磁化系统、冷却系统、热风系统、除尘系统和辅助供气系统等。2023 年 5 月完成了半工业试验系统的调试，并以陕西大西沟堆存的菱铁矿尾矿为原料开展了半工业试验，试验过程中系统温度、压力、气氛等参数控制精准、物料运行连续稳定，确定了最佳的焙烧温度、焙烧气氛、给料量等试验条件，获得了铁精矿品位 58.5%、回收率 81.2% 的良好指标。低氧势自磁化焙烧技术与装备为我国复杂难选菱铁矿资源的高效清洁利用开辟了新途径。

图 2 菱铁矿低氧势自磁化焙烧半工业试验系统

李艳军 孙永升 李文博 张小龙 袁 帅 祝昕冉

新型多基团协同铁矿石高效浮选药剂开发与应用

1 引言

随着我国铁矿石入选品位日趋贫化、细粒化和复杂化，铁矿反浮选过程中现有浮选药剂选择性变差，尤其对细粒级铁矿物的浮选效果更差。针对微细粒贫杂铁矿石研究性能好、耐低温、环境友好的浮选药剂已迫在眉睫。东北大学钢铁共性技术协同创新中心“铁矿资源绿色开发利用”方向紧密围绕铁矿选矿工艺开展新型低温高效浮选药剂研发，建立了基于“氢键耦合多基团协同”原理的贫杂铁矿石浮选药剂分子结构设计新方法；攻克了浮选药剂合成制备技术难题，开发了高性能系列浮选药剂新产品；完成了微细贫杂铁矿石低温高效反浮选分离协同组合药剂体系优化；形成了微细粒贫杂铁矿石短流程高效分选技术，建成600万吨/年基于新型低温浮选药剂的短流程高效分选示范工程，为我国构建高质量铁矿资源保障体系提供科技支撑。

2 主要研究进展

2.1 新型铁矿低温浮选药剂分子设计原则

铁矿反浮选作业是微细粒贫杂铁矿石提质降杂的关键环节，浮选捕收剂是浮选中最重要的一类药剂。浮选捕收剂分子为典型的表面活性剂分子，一般由极性基与非极性基组成，其中，极性基的反应活性决定着捕收剂与矿物表面相互作用方式和强弱，非极性基的结构及其空间位阻效应决定着捕收剂的疏水能力大小。研究结果表明，浮选药剂的性能与极性基活性位点原子（离子）的价键和非极性基碳链长短、直链与支链、空间构型等方面的结构因素密切相关。在此基础上，研究团队提出了高效低温浮选药剂分子结构设计的基本原则，即增强捕收剂有效活性位点、促进氢键生成、促进键合生成、促进异性电荷吸附、降低凝固点、增加溶解度等结构设计原则。同时，基于密度泛函理论针对不同极性基和非极性基结构的捕收剂分子进行了前线轨道能量、电荷布居、键布居、态密度等特性研究，验证了浮选药剂分子设计原则的合理性。依据以上浮选药剂分子设计基本原则，研发了 DLA 系列、DOA 系列、DDA 系列、DCZ 系列等 30 多种高效低温浮选捕收剂。

应用 MS 软件 CASTEP 模块系统研究了铁矿物和石英表面性质差异；基于矿物晶体主要暴露面活性位点原子/离子特性，进行了新型低温浮选捕收剂分子结构设计，开发了浮选捕收剂极性基和非极性基的基团接枝及分子组装技术。基于氢键耦合多基团协同分子设计理论设计了的捕收剂分子极性基团，依据亲水—疏水因素和立体因素设计了捕收剂分子非极性基团。利用 MS 软件 DMol3 模块进行了捕收剂分子组合优化模拟计算，调整捕收剂分子结构，减弱捕收剂分子极性基团的空间位阻效应。采用量子化学计算和分子拓扑理论学，系统研究了捕收剂极性基和非极性基结构对捕收剂分子活性的影响规律。分析了新型捕收剂分子结构与低温浮选性能的构效关系，优选出系列新型捕收剂分子。设计并优化了新型捕收剂分子的合成工艺，合成出系列新型浮选捕收剂并对其药剂性能进行表征，同时开展不同类型的单矿物和人工混合矿浮选试验研究，结果表明通过在新型捕收剂分子中引入卤素原子、在保证疏水性前提下适当缩短碳链长度、增加支链等技术手段，大幅提高了新型捕收剂的低温浮选性能，系列新型低温浮选药剂选择性好、捕收能力强、浮选无须加温，为微细粒贫杂难选铁矿石的低温高效利用提供了药剂保障。

2.2 新型低温浮选药剂界面精准调控机制

增大铁矿物与脉石矿物石英可浮性差异是贫杂铁矿浮选提质降杂的核心，应用新型高选择性捕收剂靶向捕收石英，强化石英表面疏水性，精准调控铁矿反浮选界面是铁矿物与石英浮选分离的前提。系统研究新型浮选药剂体系中矿物的浮选行为，揭示新型捕收剂对矿物可浮性的影响规律，如图 1 所示。结果表明，在低温下，新型捕收剂体系中钙离子活化后石英的可浮性优于赤铁矿和磁铁矿。新型捕收剂在矿物表面吸附量测定以及新型药剂吸附前后表面润湿性、表面电性、表面作用位点元素价键及分布分析结果表明新型捕收剂在钙离子活化后石英表面存在氢键耦合键合吸附作用机制。钙离子首先在石英表面上的氧原子处发生键合吸附，形成钙离子活化表面，新型捕收剂极性基团在溴原子诱导作用下羧基中单键氧和双键氧活性增强，且均可与活化表面上的钙离子发生键合吸附；模拟计算结果还表明当羧基中单键氧与石英表面“桥联作用”钙离子发生键合吸附时，羧基中双键氧原子存在与石英表面硅羟基形成氢键的可能性，这种氢键耦合键合吸附作用可有效提高新型药剂在石英表面的吸附强度，增加了石英表面疏水性，实现新型浮选药剂对石英的高效捕收。新型捕收剂体系中，抑制剂主要与铁矿物表面铁活性位点发生化学吸附作用，大幅增加铁矿物表面亲水性，这进一步加大了铁矿物与石英的可浮性差异。浮选过程中

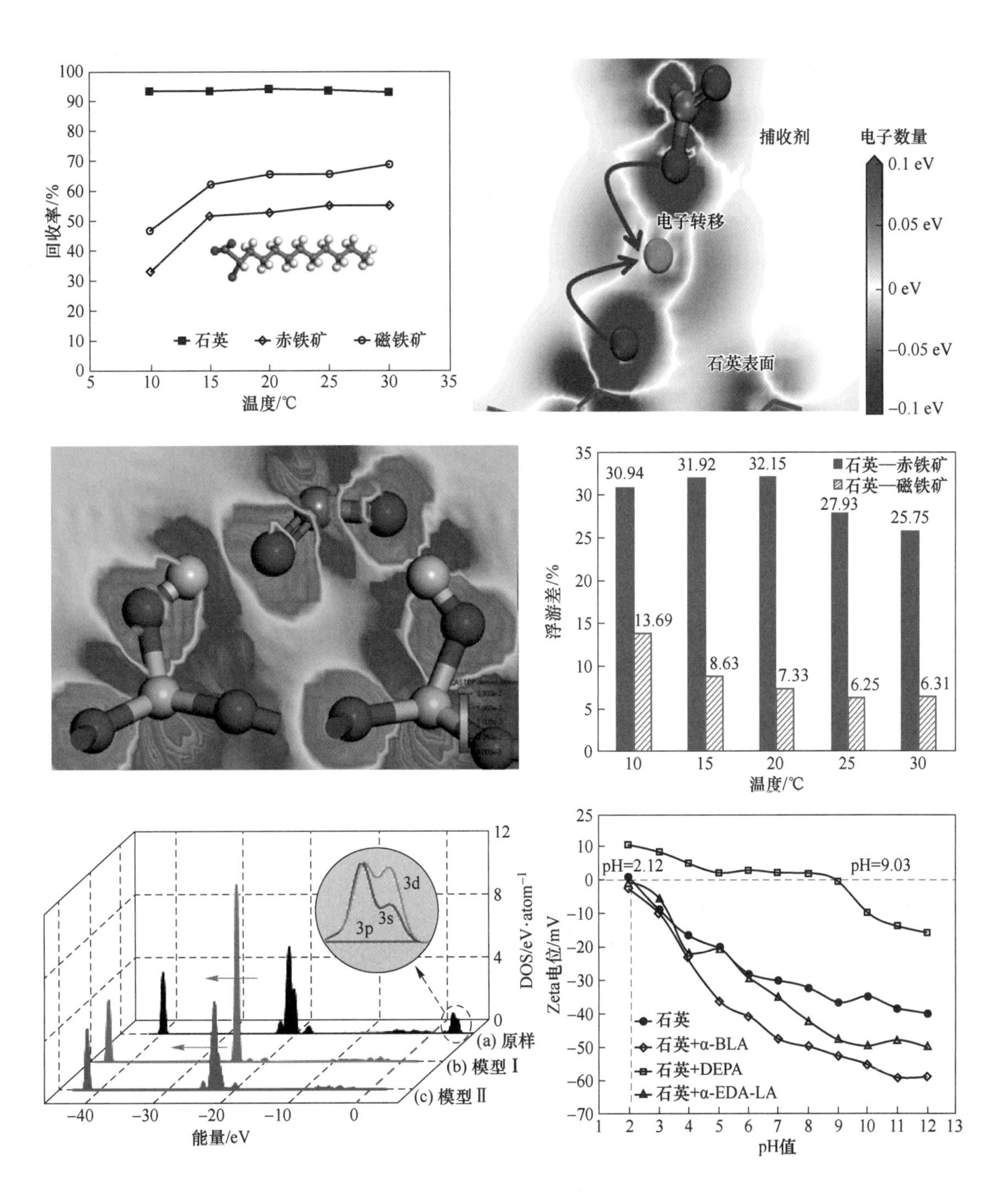

图 1 新型低温浮选药剂体系铁矿浮选界面调控机制

通过调节新型捕收剂用量以及抑制剂种类和用量，可定向调控石英与铁矿物浮选分离界面，实现石英与铁矿物的低温高效浮选分离。针对东鞍山铁矿石，应用新型低温浮选捕收剂与抑制剂、活化剂协同作用，精准调控铁矿物反浮选界面，实现了铁矿物和脉石矿物的浮选分离，在实验室常温实验条件下，获得了 TFe 品位 66.28%、浮选作业回收率 80.57% 的优异技术指标，为微细粒贫杂铁矿石高效低温浮选奠定了理论基础。

2.3 基于低温浮选药剂的铁矿石短流程高效分选关键技术

东鞍山贫赤铁矿石是我国最有代表性的难选贫杂铁矿石，原工艺采用阶段磨矿、粗细分级、重选—弱磁—强磁—反浮选工艺存在重选精矿质量差、综合铁回收率低、生产成本高等问题。研究团队提出铁矿石“两段连续磨矿、弱磁选、两段强磁选、窄级别磨矿—反浮选”短流程高效分选新工艺与新型低温浮选药剂强化微细粒贫杂铁矿低温高效反浮选“提质降杂”关键技术集成，紧密围绕短流程高效分选新工艺研发新型专属低温反浮选药剂。针对新工艺反浮选给矿粒度微细的特点，研发出系列新型低温高效浮选药剂，并优化筛选出综合效益优异的新型低温反浮选捕收剂 DWD-3。应用新型浮选药剂 DWD-3 精准调控微细粒贫杂铁矿浮选界面，获得了高品质铁精矿产品，实现了该微细粒贫杂铁矿石的高效开发利用。

基于东鞍山贫杂铁矿石品位低、矿物组成和共生关系复杂、嵌布粒度微细特性，与原工艺相比，短流程高效分选关键技术主要做出以下 4 点改进和优化：(1) 取消粗细分级、粗粒重选工艺，大幅简化和缩短工艺流程，有利于铁精矿提质降杂。(2) 强磁选工艺由一段强磁选优化为两段强磁选，大幅降低强磁选抛尾品位，提高铁回收率。(3) 增加混合磁选精矿搅拌磨再磨工艺，提高铁矿物与脉石矿物解离程度，为反浮选提质降杂奠定原料基础。(4) 研发出适合再磨产品的专属新型低温高效反浮选药剂，完成了反浮选分离协同组合药剂体系优化，大幅提升反浮选铁精矿产品质量，实现再磨产品的低温高效反浮选提质降杂。半工业试验结果表明短流程高效分选关键技术优势显著，针对东鞍山贫杂铁矿石，扩大连续试验获得了铁精矿 TFe 品位 66.15%、回收率 74.31% 的分选指标，较原工艺 TFe 品位和回收率分别提高了 3 个百分点和 9 个百分点以上。

2.4 铁矿石短流程高效分选工业化进展

鞍钢集团矿业有限公司（东鞍山烧结厂）建成原矿处理能力 600 万吨/年铁矿短流程高效分选示范工程（见图 2）。采用两段连续磨矿、弱磁—强磁—扫强磁、塔磨、反浮选工艺流程，新建磨选厂房，新增布置 6 台 1500 型塔磨机、20 台 3000 mm 强磁机、32 台 70 m^3 筒式浮选机。设计选矿指标为精矿品位 66%、尾矿品位 15.4%、精矿产量 193.14 万吨/年。目前已投产调试，预计 2024 年年中达产达标。

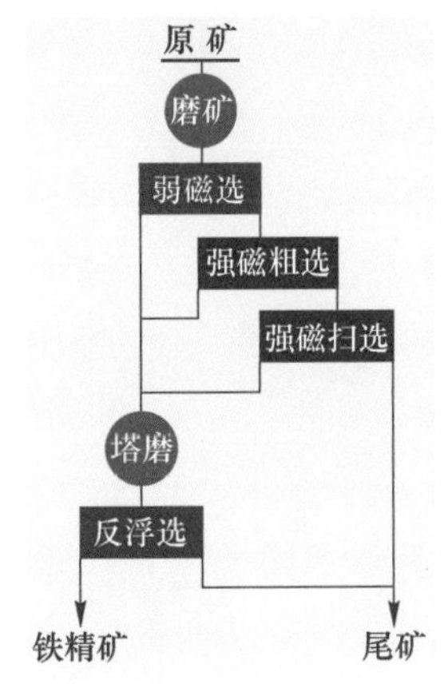

图 2 贫杂铁矿石短流程高效分选示范工程

3 结语

随着东鞍山铁矿开采深度的不断增加，铁矿物嵌布粒度更细，矿石性质更加复杂，开展微细粒贫杂铁矿石高效选矿技术研究是难选铁矿选矿发展的要求和重要方向。铁矿石界面调控常温浮选关键技术的研究，实现了铁矿常温反浮选提质降杂的大规模工业化应用，提高了铁精矿产品技术指标，降低了铁矿反浮选矿浆温度，这对节能减排、降本增效、清洁生产具有重要的实际意义。

朱一民 刘 杰 赵 冰

低碳炼铁

方向首席：储满生

氢冶金关键技术与装备

1 引言

钢铁工业是国民经济的重要基础产业，具有资源、能源密集属性，化石能源依赖程度高，碳排放量大，是实施国家“双碳”战略的关键领域。氢冶金短流程，特别是氢基竖炉直接还原短流程，具有低碳乃至零碳的天然属性，是优化钢铁工艺流程、能源结构和产品结构的有效途径，是我国钢铁产业实现碳中和的兜底技术和颠覆性前沿技术，逐渐成为钢铁冶金未来发展的新方向和制高点。但目前我国氢冶金理论和技术体系尚待完善，自主知识产权的核心装备尚未中试，与国外发展水平差距显著，亟待系统研发自主知识产权的氢冶金关键技术与装备。

在此背景下，东北大学钢铁共性技术协同创新中心“低碳炼铁工艺与装备技术”方向以践行“双碳”战略为牵引，躬耕在氢冶金前沿领域多年，在核心理论以及关键共性技术方面取得了创新突破。研究团队遵循“基础研究—小试突破—中试验证—工程示范—推广应用”科技成果转化新模式，围绕氢基竖炉炉料性能协同优化、氢基竖炉直接还原、基于氢冶金的钒钛磁铁矿高效低碳冶炼新工艺等方面进行了深入研究，构建了氢基竖炉直接还原基础理论体系，形成具有自主知识产权的氢基竖炉直接还原关键技术。在前期技术积累的基础上，自主研发设计了氢气加热炉、氢气竖炉等核心装备，全面展开国内首个基于氢气竖炉—绿色电炉—高端特钢的氢冶金零碳钢铁冶金短流程示范工程建设。

2 主要研究进展

2.1 氢基竖炉用优质高品位氧化球团制备

为了保证氢基竖炉直接还原铁产品的高纯净度，氢基竖炉用氧化球团需满足高品位、低杂质、优良冶金特性等要求。氢基竖炉用优质高品位氧化球团高效低成本制备技术的研究可为现场生产奠定良好的原料基础。

基于国内高品位铁精矿资源，对不同种类高品位铁精矿的基础特性进行了大量实验研究，在掌握其基础特性后，对单一铁精矿制备的高品位氧化球团冶金性能进行检测，随后进行高品位铁精矿优化配矿，制备出满足氢气竖炉用原料要求的高品位氧化球团，实现不同种类高品位铁精矿之间的优势互补。然后，按照 HYL 直接还原工艺炉料性能检测标准，对国内多种高品位铁精矿制备的氧化球团冶金性能进行检测，结果表明，优化配矿后制备的球团直接还原性能均符合 HYL 工艺要求：抗压强度不小于 2500 N（2000 N 可用），还原性指数不小于 0.04，还原膨胀率不大于 15%，低温还原粉化指数 $LTD_{+6.3\ mm} > 80\%$、$LTD_{-3.2\ mm} < 10\%$、$LTD_{UP} > 60\%$，耐磨性指数小于 5%。最终，构建出高品位铁精矿资源基础特性数据库，为现场生产奠定良好的原料基础，该技术现已成功应用于宣钢高品位氧化球团生产线，提升现场球团品质的同时降低了原料成本。

2.2 氢基竖炉直接还原

系统研究了工艺参数对炉料直接还原行为的影响，探索了还原温度、还原气氛对球团冶金性能的影响。随着 H_2 含量增加，球团还原加快，还原膨胀率及黏结指数均降低，还原后强度升高。在纯氢、950 ℃条件下，还原膨胀率、黏结指数及抗压强度分别为 17.35%，5.82%、817 N（见图 1）；而在 $H_2/CO = 1.6$ 和 950 ℃条件下，还原膨胀率、黏结指数及最终抗压强度分别为 19.78%、85.90%、693.90 N。升高温度，还原加快，还原膨胀率及黏结指数明显增大，还原后强度降低。当温度升高或还原气中 CO 增多时，球团中铁晶须明显生长，导致还原膨胀率及黏结指数升高。可通过选择合理的还原温度、适当提高还原气中 H_2 比例，来改善球团冶金性能。围绕氢基竖炉直接还原，阐明了氢基竖炉条件下炉料还原规律以及膨胀性能影响机理。

针对氢基竖炉内多维多场耦合作用机制进行了研究。通过数值模拟方法研究了还原气温度、还原气流量、氢碳比（补热前、补热后）、料速、炉型（风口直径、高径比）、冷却气流量对氢基竖炉内还原气浓度分布、顶煤气温度分布、固相温度分布、金属化率分布的影响。确定了氢基竖炉适宜的冶炼参数：还原气温度不小于 1000 ℃，还原气流量（标态）3085 m^3/min，氢碳比 5，料速 0.001 m/s，风口直径 160 mm，高径比 7.2，冷却气流量（标态）不小于 2700 m^3/min；最终生产指标为：顶煤气温度 451 ℃，H_2 和 CO 利用率分别为 48.22% 和 35.82%，DRI 金属化率 93%、渗碳量 3.01%。研究结果为现场国内氢基竖炉的生产提供了适宜的技术方案。

在此基础上，依据国内氢基竖炉工况条件，开发了氢基竖炉直接还原工艺模型，在给定原料条件及基本工艺参数，输出各工序详细物质流和能量流信息，供工艺配置参考；获得全流程物质消耗、碳排放数据，以及随工艺参数的变化情况。此工艺模型为氢基竖炉冶炼提供了工艺理论依据，指明了工艺优化的方向。

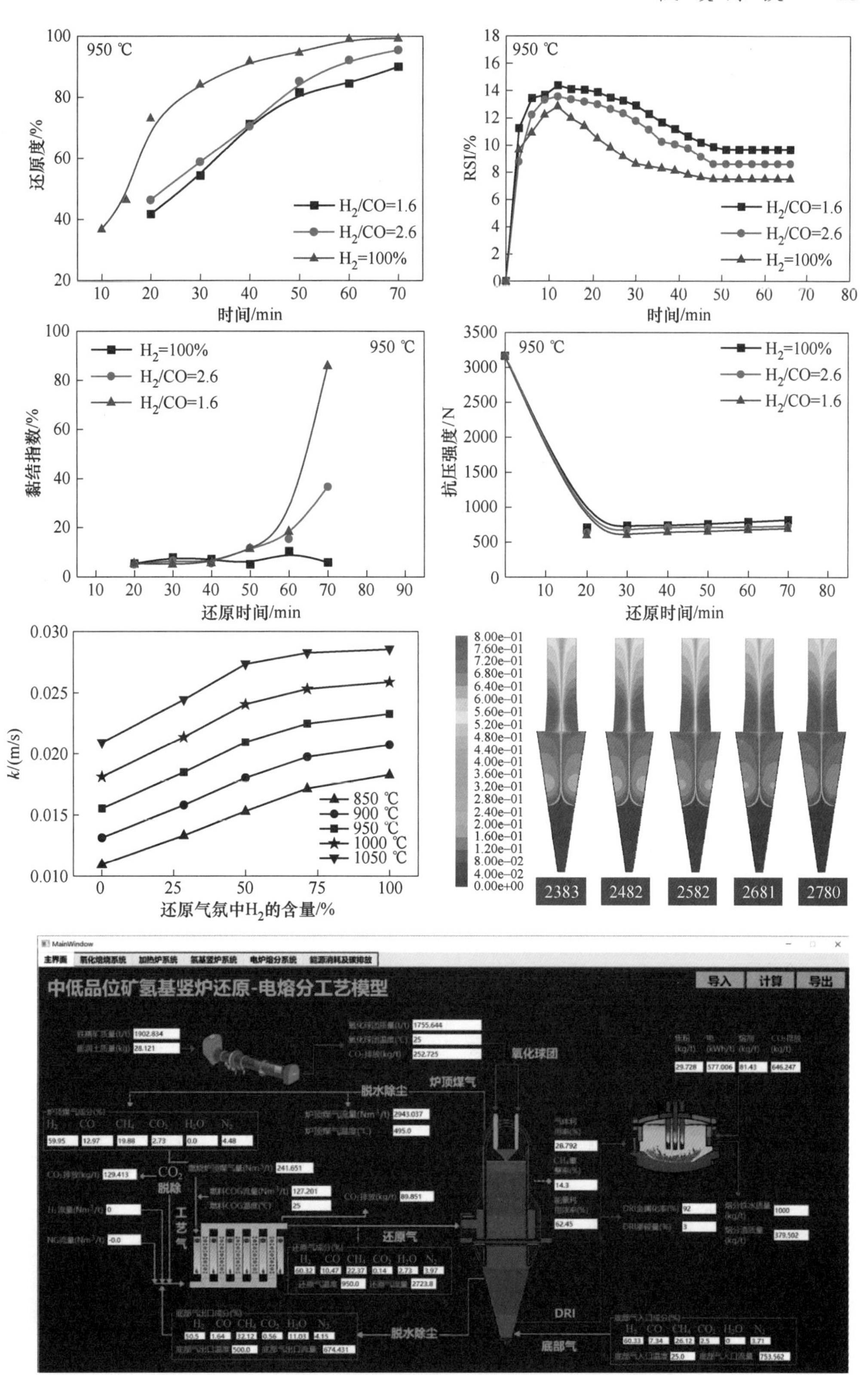

图 1　氢基竖炉直接还原机理及氢基竖炉工艺模型示意图

2.3　基于氢冶金的钒钛矿高效低碳利用新工艺

基于我国钒钛磁铁矿储量大、综合利用价值高、难冶炼的特点，开发了基于氢冶金的钒钛磁铁矿高效低碳利用新工艺，为我国钒钛磁铁矿的大规模综合利用奠定理论基础和技术支撑。

针对钒钛磁铁矿的综合利用，获得了冶炼钒钛磁铁矿适宜工艺参数：预热温度925 ℃、预热时间18 min、焙烧温度1200 ℃、焙烧时间25 min，钒钛磁铁矿氧化球团强度为2028 N/个；还原气 $H_2/CO=8$、还原温度为1050 ℃，钒钛矿球团的低温还原粉化指数 $LTD_{+6.3}$、还原性指数、还原膨胀率、还原黏结指数分别为80.86%、0.0428、2.32%和2.5%，均满足HYL氢基竖炉工艺要求，如图2所示；在熔分温度1600 ℃、熔分时间30 min、碱度0.50、配碳比1.10的条件下，生铁中Fe和V的回收率分别为99.31%、89.73%，钛渣中 TiO_2 回收率为92.83%，钛渣中 TiO_2 质量分数为41.86%，实现了钒钛磁铁矿有价组元高效清洁分离。

围绕PMC矿综合利用进行了系统研究，结果表明，PMC球团在预热温度为925 ℃，预热时间为15 min，焙烧温度为1300 ℃，焙烧时间为20 min条件下抗压强度为2336 N/个，满足气基竖炉生产要求；通过配加高品位铁精矿改善PMC球团的低温还原粉化性能，当配加40%高品位矿时，在温度950 ℃，还原气氛60% H_2、18% CO、4% CO_2、18% N_2 的条件下，各项指标满足竖炉冶炼要求。在熔分温度1600 ℃，熔分时间30 min，熔分碱度0.5，熔分配碳比1.1的熔分工艺参数条件下，金属化球团熔分效果良好，Fe收得率为98.42%，TiO_2 回收率为94.26%。研究结果为PMC矿在河钢宣钢高比例产业化应用提供技术支撑，大幅降低氢基竖炉生产成本。

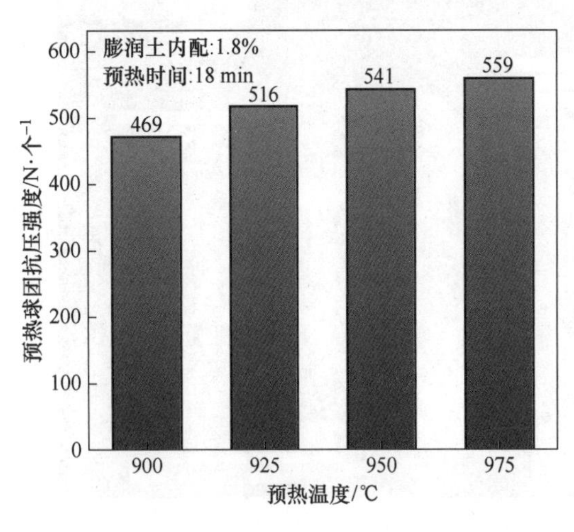

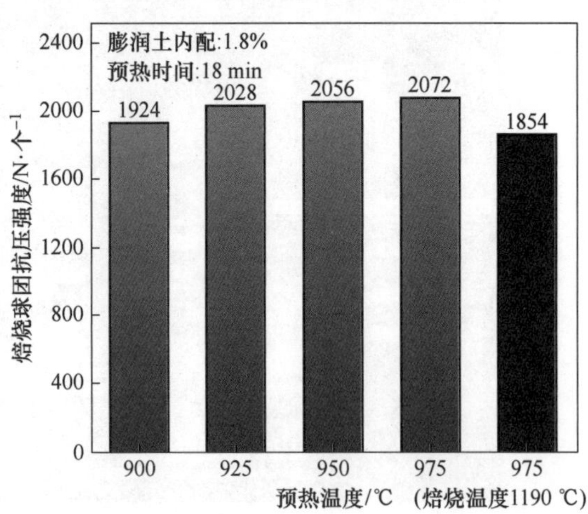

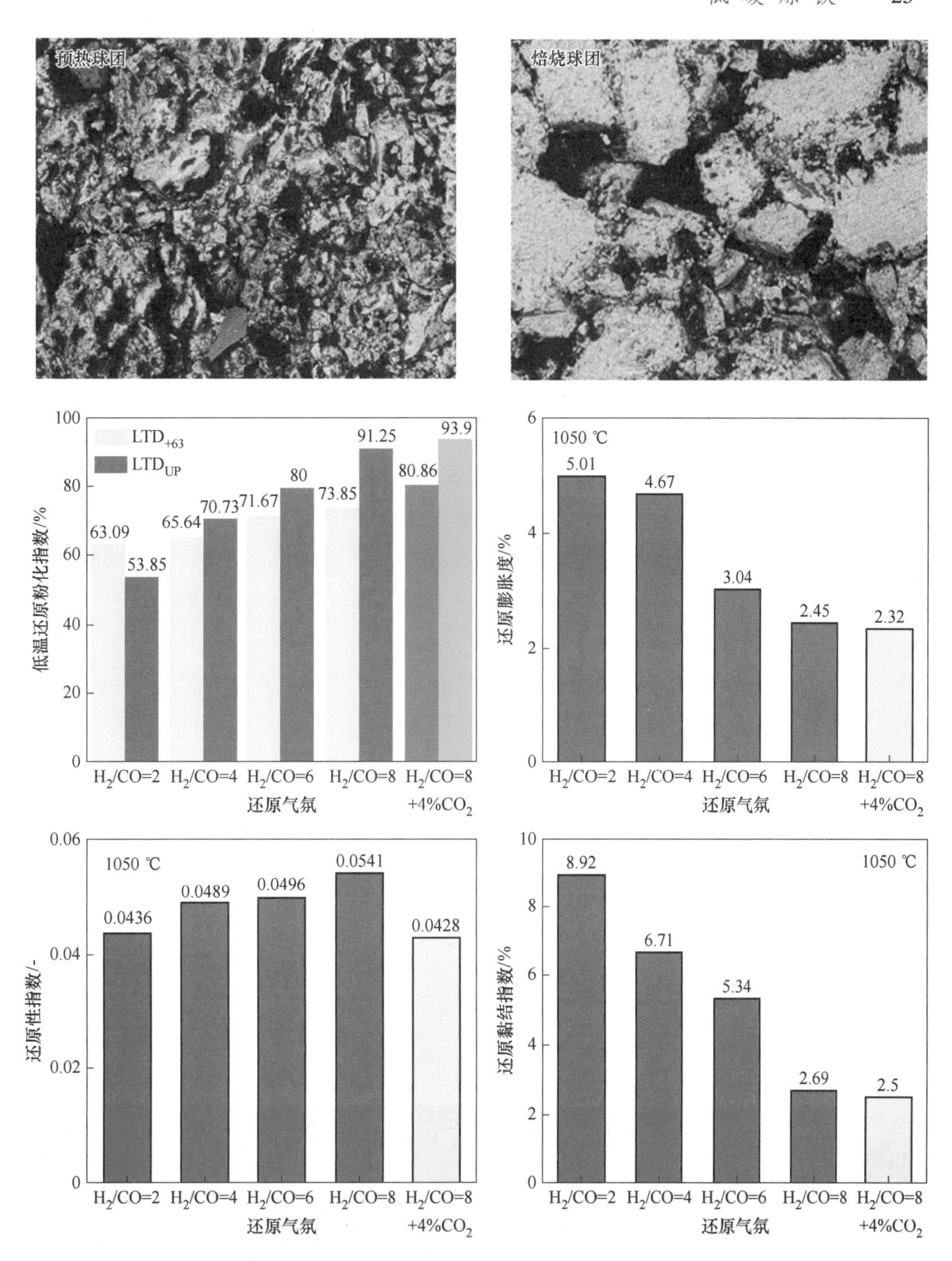

图 2　基于氢冶金的钒钛矿高效低碳利用研究

2.4　东北大学万吨级氢气竖炉示范工程

基于前期技术积累，围绕钢铁产业碳中和以及高质化发展的战略目标，针对我国氢气竖炉技术体系中亟待突破的核心技术、关键装备和工程示范等重大需求，通过政产学研用协同创新，研发氢气竖炉—绿色电炉零碳钢铁冶金短流程前沿技术与重大装备，设计了具有自主知识产权的国内首台套氢气竖炉系统。团队筹措资金 3000 多万元，正在辽宁省沈抚改革创新示范区东大工业技术研究院建设全国首个基于氢气竖炉—绿色电炉—高端特钢的氢冶金零碳钢铁冶金短流程中试基地，如图 3 所示。目前，已取得如下进展：（1）完成氢气竖炉用优质高品位氧化球团制备、氢气高效安全加热、氢气竖炉直接还原等工艺理论和关键技术研究。（2）完成项目整体规划、备案审批、全套工程设计、公辅设施建设等。（3）完成氢气竖炉直接还原全套系统招投标、工程设计。（4）落实了原料以及氢气来源，与昆仑汉兴能源公司签订长期供氢协议。（5）环评、能评、安评正在稳步推进。

示范工程获得了工信部高质量发展专项（3900 万元）、国家自然科学基金重点项目（251 万元）资助，为关键技术的突破和重大装备的建设奠定坚实的基础。

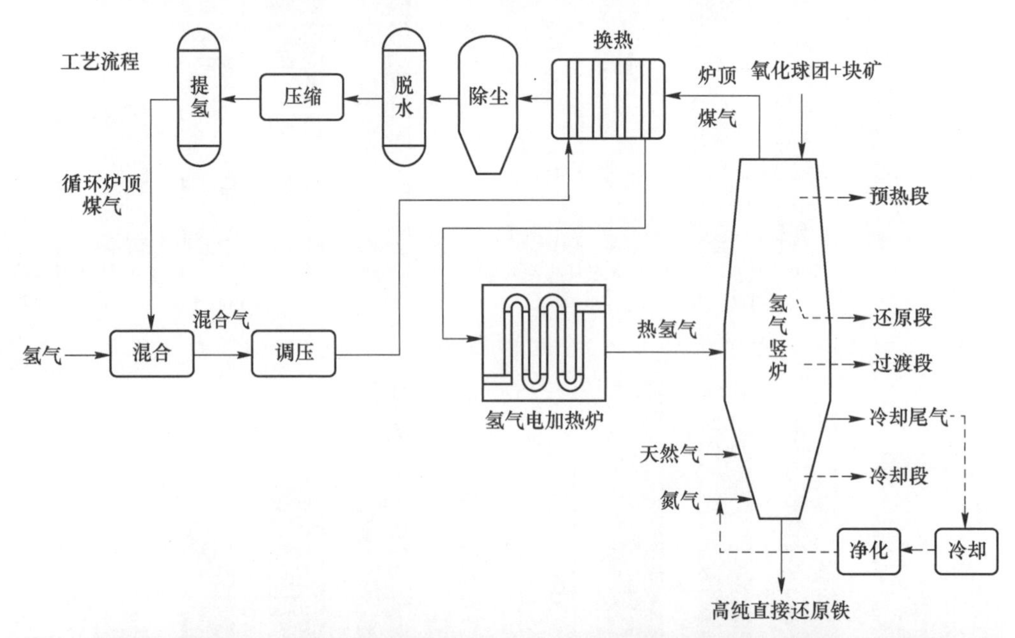

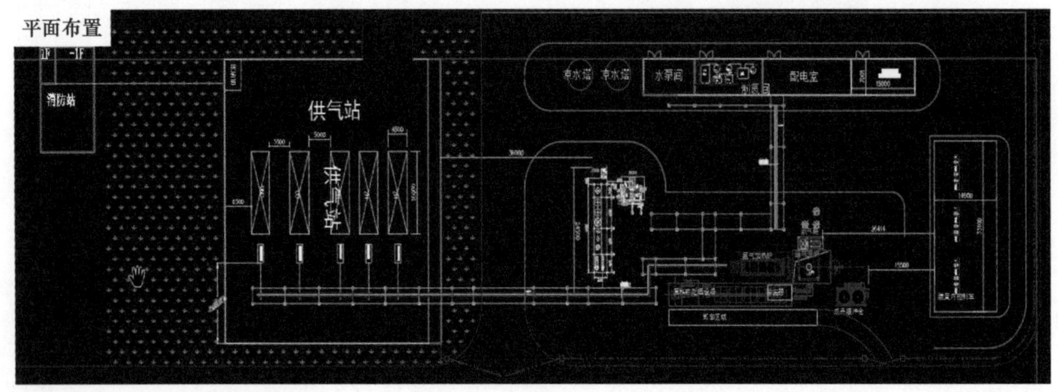

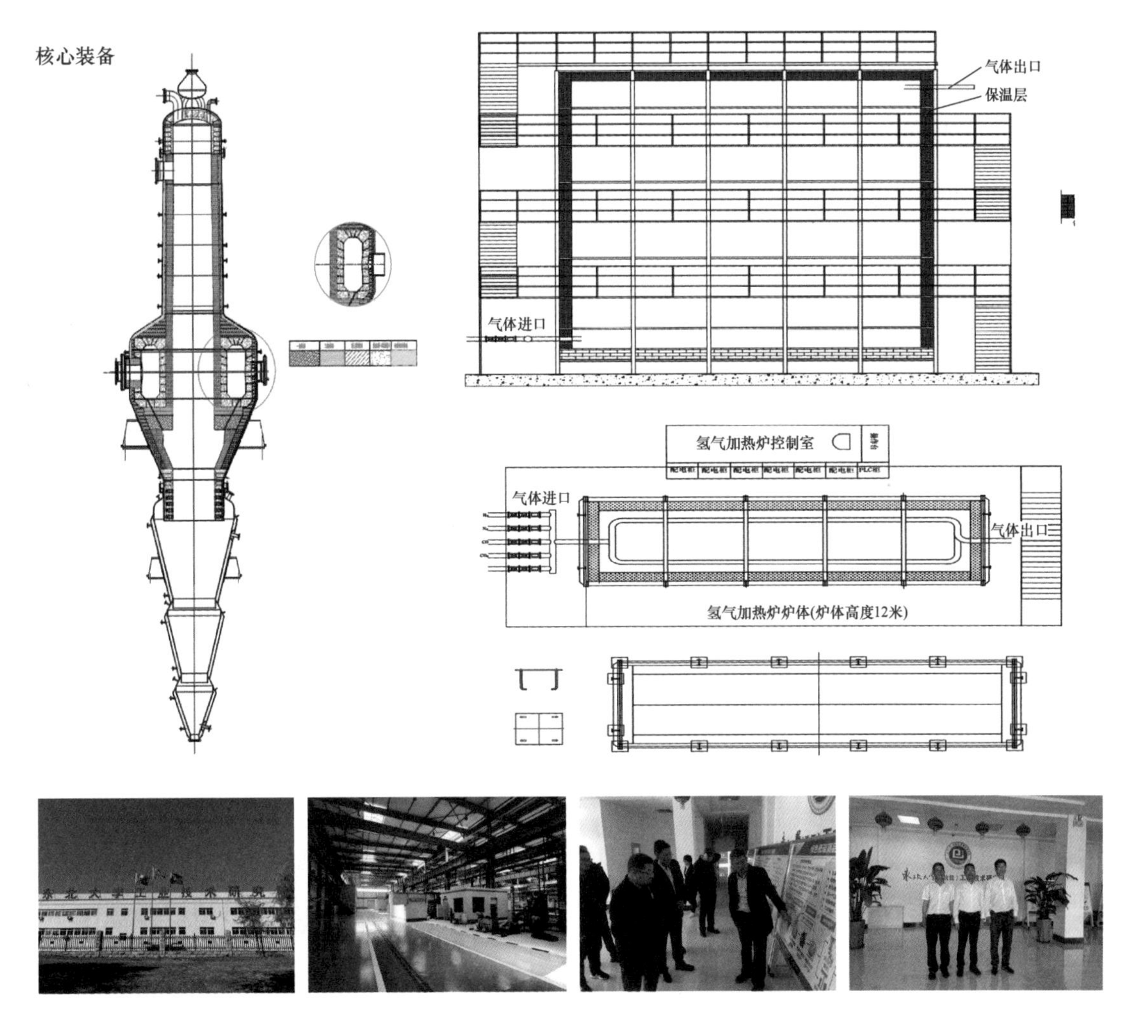

图 3 东北大学万吨级氢气竖炉示范线建设

3 结语

氢冶金关键共性技术的突破，不仅丰富完善了我国氢冶金前沿理论体系，而且为核心技术的国产化、自主化提供了重要的技术支撑；我国首个氢冶金零碳特殊钢短流程关键共性技术与装备研发、成果转化和工程应用的创新平台的建成，将弥补国内示范工程的空白，实现基于氢冶金的低碳/零碳钢铁冶金核心技术、关键装备、标准体系、研发平台和人才队伍的全面超越，赶超欧美先进产钢国的研发步伐，全面引领我国钢铁碳中和的创新发展方向，推动钢铁行业低碳/零碳化和高质量创新发展。

储满生 唐 珏 李 峰 田宏宇

数字化高炉炼铁关键技术研发与应用

1 引言

高炉炼铁作为主流钢铁生产的核心工序，冶炼过程涉及的原燃料、操作、炉况及产品等变量类型混杂、维数高、规模大，变量之间存在多重相关性，具有多变量、强耦合、非线性和大滞后特点。依靠传统常规技术实现低碳生产的潜力已经接近物理极限。现代高炉积累了高炉冶炼的海量信息，但大量的生产数据与经验知识尚未充分挖掘和实现科学表述。随着数据科学和信息技术的蓬勃发展，采用机器学习、深度学习等智能化技术，将数据与机理有机结合，快速低成本地探寻原燃料、工艺操作与高炉运行状态、铁水质量等之间的“保真”关系，有望解决高炉数据难表征、状态难描述、操作难调控的传统难题。

东北大学钢铁共性技术协同创新中心“数字化炼铁”方向针对高炉冶炼过程复杂，高炉数据难表征、状态难描述、操作难调控等传统难题，将大数据、人工智能与冶炼机理、经验知识相结合，建立高效率、低成本、高保真的高炉冶炼先进数字孪生模型，形成炉况智能预测评价与操作自主优化决策的良好互动，研发机理、数据、知识多维驱动的国内首个铁前—高炉信息物理系统，实现多维信息融合的铁区一体化智能化炼铁，建立以高炉为中心的铁区一体化智能化闭环赋能体系，取得如下主要研究进展。

2 主要研究进展

2.1 高炉炉热智能预测与反馈技术研究

关于高炉炉热预测与优化方面的研究很多，但仍有一些地方可以改进。例如，炉热指标选择不全面，多数炉温模型只关注铁水温度或铁水硅含量；炉热模型建模参数考虑不全面，多数炉热模型重点关注操作参数和状态参数，涉及的原燃料参数很少，甚至忽略了原燃料参数的影响，此类模型结果存疑；炉热模型只有预测功能没有反馈功能，炉热精准预测固然重要，但并不是最终目的，基于预测结果反馈合理的调剂手段进而稳定炉热水平才是炉温模型应用的价值体现。

东北大学研发的高炉炉温智能预测与反馈技术，全面治理并分析了高炉原燃料—

操作制度—冶炼状态—渣铁排放全流程数据，从数据源头保证了炉热模型的可靠性；采用时滞性分析、关联规则挖掘、物料平衡热平衡计算、数据驱动与工艺知识融合、模型自适应更新等技术，实现炉温指标提前 1 ~ 3 h 精准预测，保证了炉热模型的准确性；基于多目标反馈优化技术实现铁水温度、铁水［Si］含量的平衡优化，推送操作建议稳定炉温水平，保证了炉热模型的实用性，如图 1、图 2 所示。

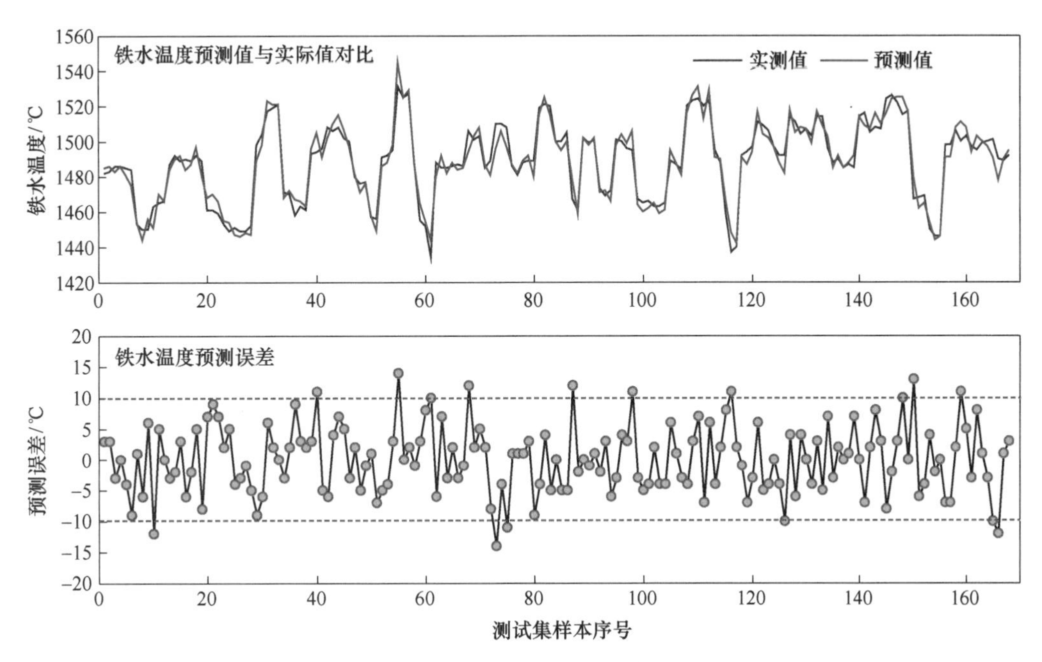

图 1　高炉预测与反馈技术研究成果 1

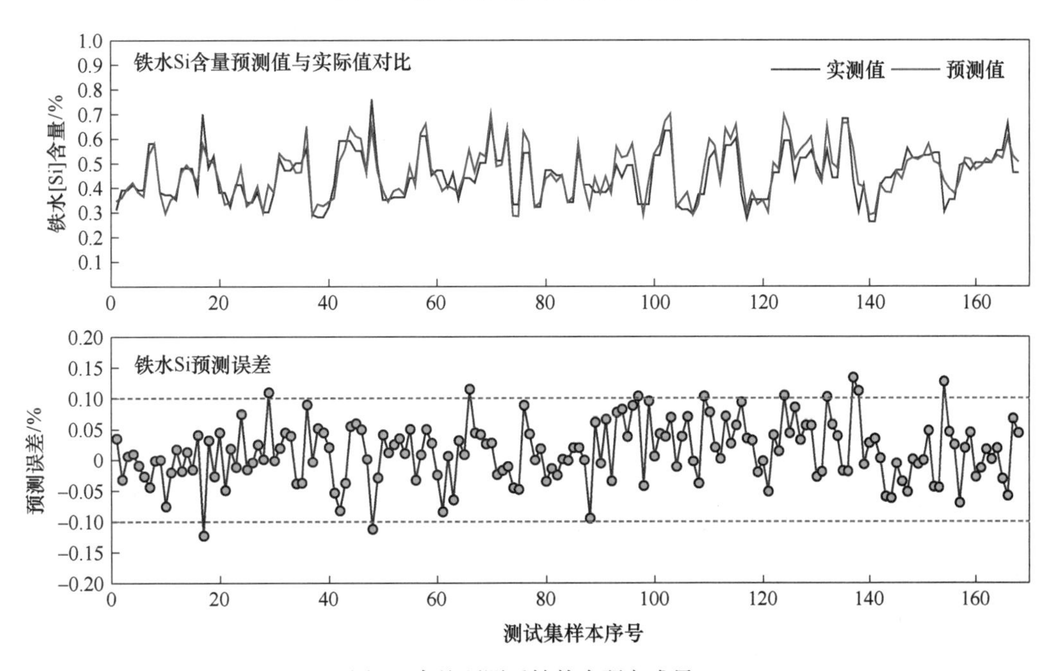

图 2　高炉预测反馈技术研究成果 2

2.2 高炉炉缸活跃性评价预测与反馈技术研究

高炉炉缸活跃性是评价高炉工作状态的重要指标之一。传统的炉缸活跃性评价模型以机理研究为主，如根据死料柱透液性和渣铁流动阻力评价炉缸活跃性，这类方法涉及参数在实际生产过程中不易测量，并且模型中的经验系数是固定的，导致工业应用效果不佳。为了能够量化表征炉缸活跃性，预知炉缸活跃性变化情况，达到维护并尽早恢复炉缸活性的目的，构建对高炉炉缸活跃性评价、预测与反馈至关重要。

东北大学融合高炉工艺与数据驱动研发了一种适应高炉炉况的炉缸活跃性评价预测与反馈技术，实现了高炉炉缸活跃性的定量评价、提前1 h精准预测以及调整措施同步反馈（图3、图4）。高炉炉缸活跃性量化评价模块，基于实际高炉生产过程数据采用数据挖掘技术对国内外已应用各种炉缸活跃性评价方法进行修正和集成，提出炉缸活跃性综合指数，建立适应高炉炉况的炉缸活跃性评价模型，量化表征炉缸活跃性水平。高炉炉缸活跃性预测模块，对炉缸活跃性与原料参数、操作参数、渣铁参数的时滞性和关联性进行分析，筛选出影响高炉炉缸活跃性的重要影响因素；并采用机器学习，建立高炉炉缸活跃性预测模型，实现炉缸活跃性提前1 h精准预报。高炉炉缸活跃性反馈模块，在高炉炉缸活跃性预测模型的基础上，融合高炉工艺设定炉缸活跃性反馈触发条件、反馈调整矩阵、反馈优化目标建立高炉炉缸活跃性反馈模型，通过对反馈方案的预测、评估以及筛选，为稳定炉缸活跃性、保障高炉顺行反馈合理的、量化的高炉操作建议。

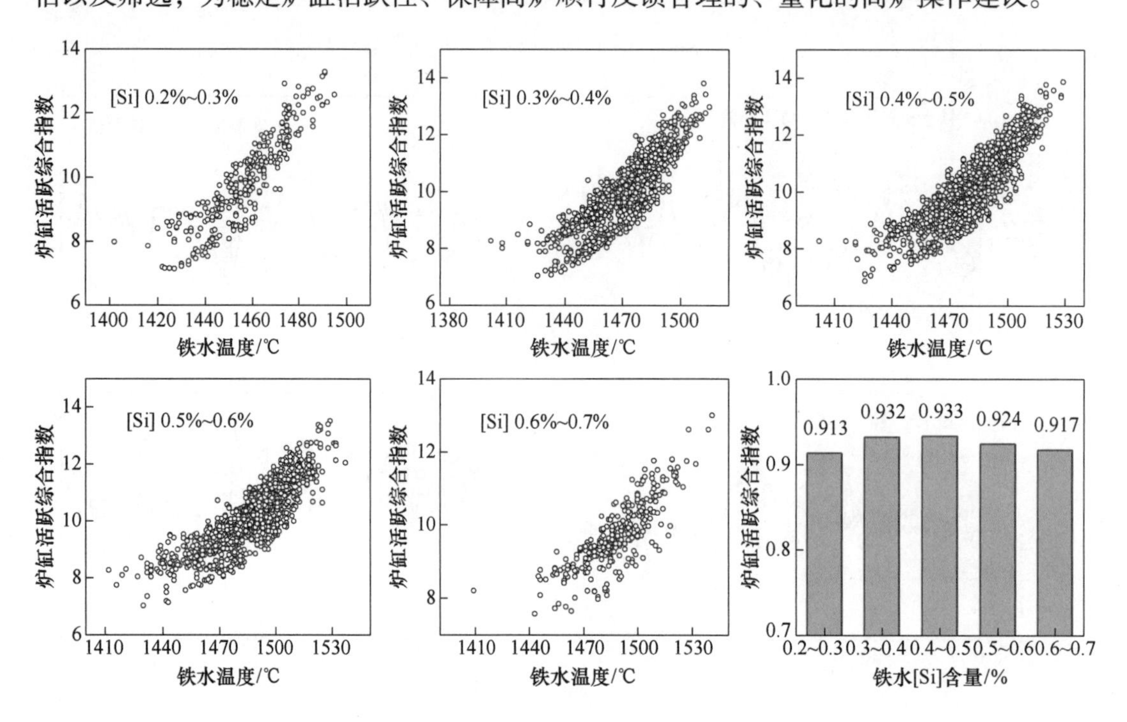

图3　高炉炉缸活跃性评价预测与反馈技术研究成果1

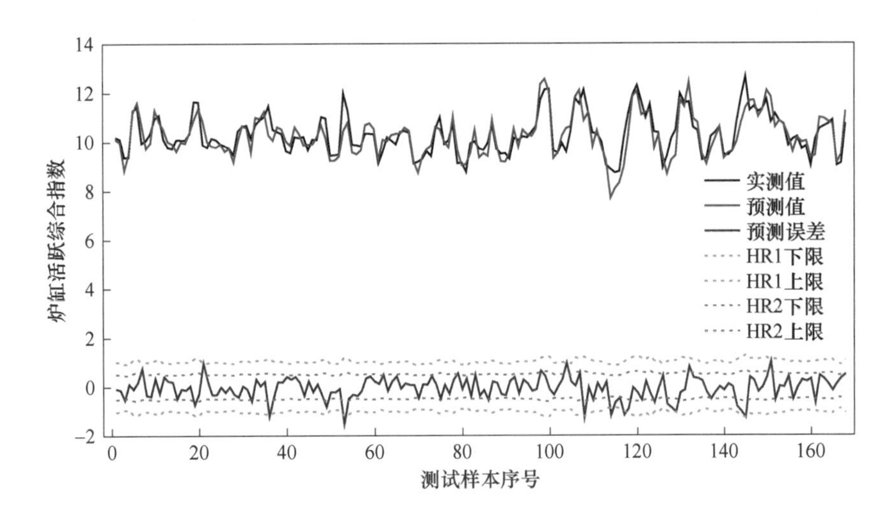

图4 高炉炉缸活跃性评价预测与反馈技术研究成果2

2.3 高炉智能化关键技术工业应用

基于数据与机理融合的高炉炉热预测与反馈技术成功应用于抚顺新钢铁1号高炉，如图5所示，与梅山钢铁5号高炉，如图6所示；高炉炉缸活跃性评价预测与反馈技术成功应用于抚顺新钢铁1号高炉，如图7所示，均获得优异的技术指标，各项目具体应用效果如下。

2.3.1 高炉炉热预测与反馈技术工业应用

抚顺新钢铁1号高炉炉热预测与反馈模型于2021年12月7日正式上线运行，包括炉热指标预测和操作建议反馈2个模块。抚顺新钢铁1号高炉炉热模型投用期间，实现了对未来1 h的铁水温度和铁水［Si］含量预测，铁水温度和铁水［Si］含量预测准确率长期稳定在90%以上。其中，铁水温度允许误差为±15 ℃，铁水［Si］含量允许误差为±0.1%；高炉炉热模型准确率为过去每24 h真实值与预测值动态准确率。并且当下一时刻炉热指标超出预期阈值（即铁水［Si］含量低于0.3%或高于0.6%，铁水温度低于1470 ℃）时，炉热模型将从煤粉喷吹量、焦炭消耗量、富氧流量和热风压力4个方面为高炉操作者推送量化的调整措施，进而稳定高炉炉热水平。抚顺新钢铁1号高炉炉热模型应用期间炉温稳定率由54.88%提升至84.89%，炉温稳定率提升了近30%。

梅山钢铁5号高炉炉热预测与反馈模型于2023年11月22日正式上线运行，包括炉热指标趋势预测可视化、炉热模型输入参数监测、炉热操作建议推送和模型异常记录4部分。梅山钢铁5号高炉炉热模型投用期间，实现了对未来1～3 h的铁水温度和铁水［Si］含量变化趋势预测，铁水温度预测值与实测值允许误差范围为±10 ℃，铁

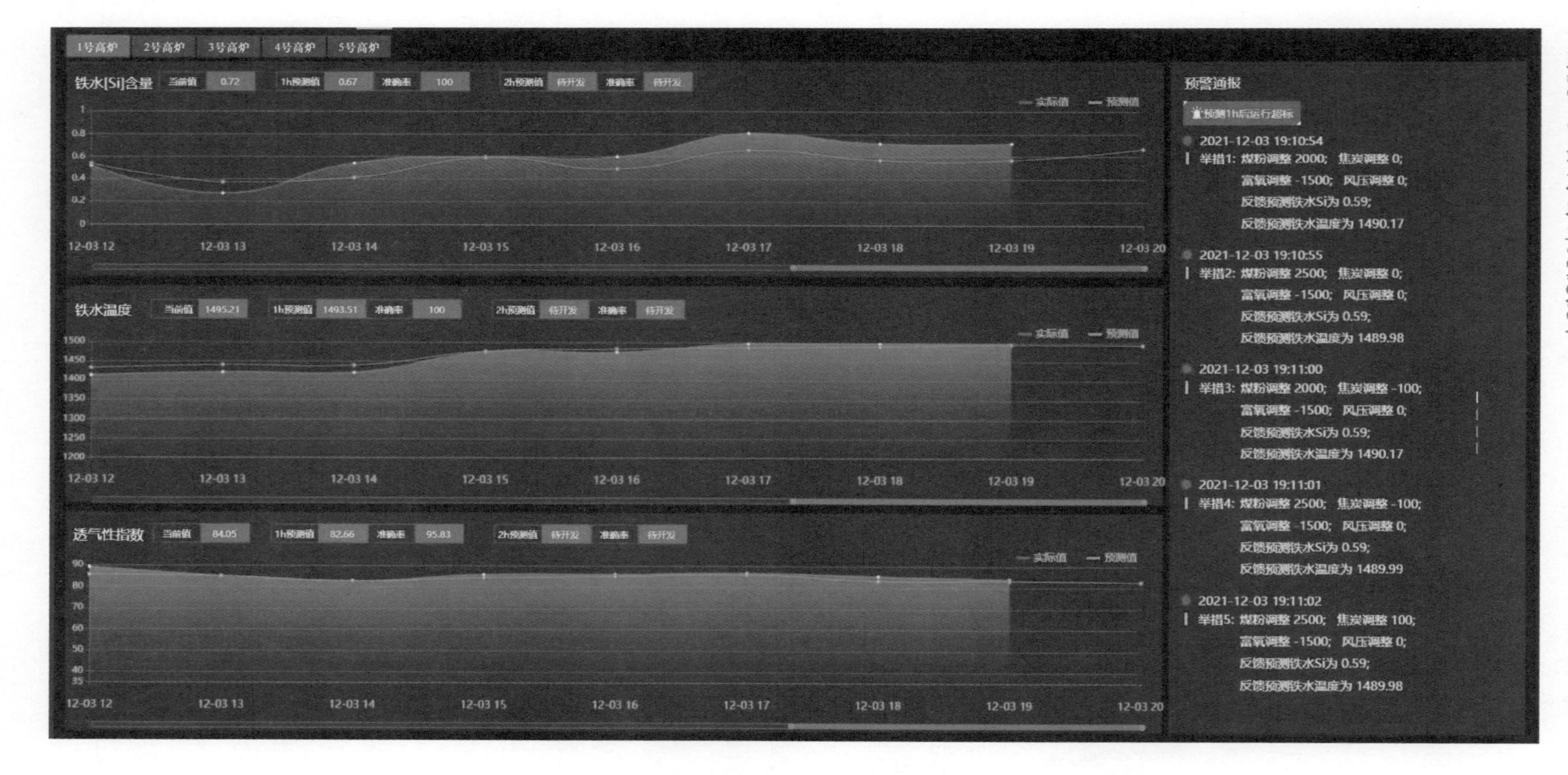

图5 高炉炉热预测与反馈模型应用（抚顺新钢铁1号高炉）

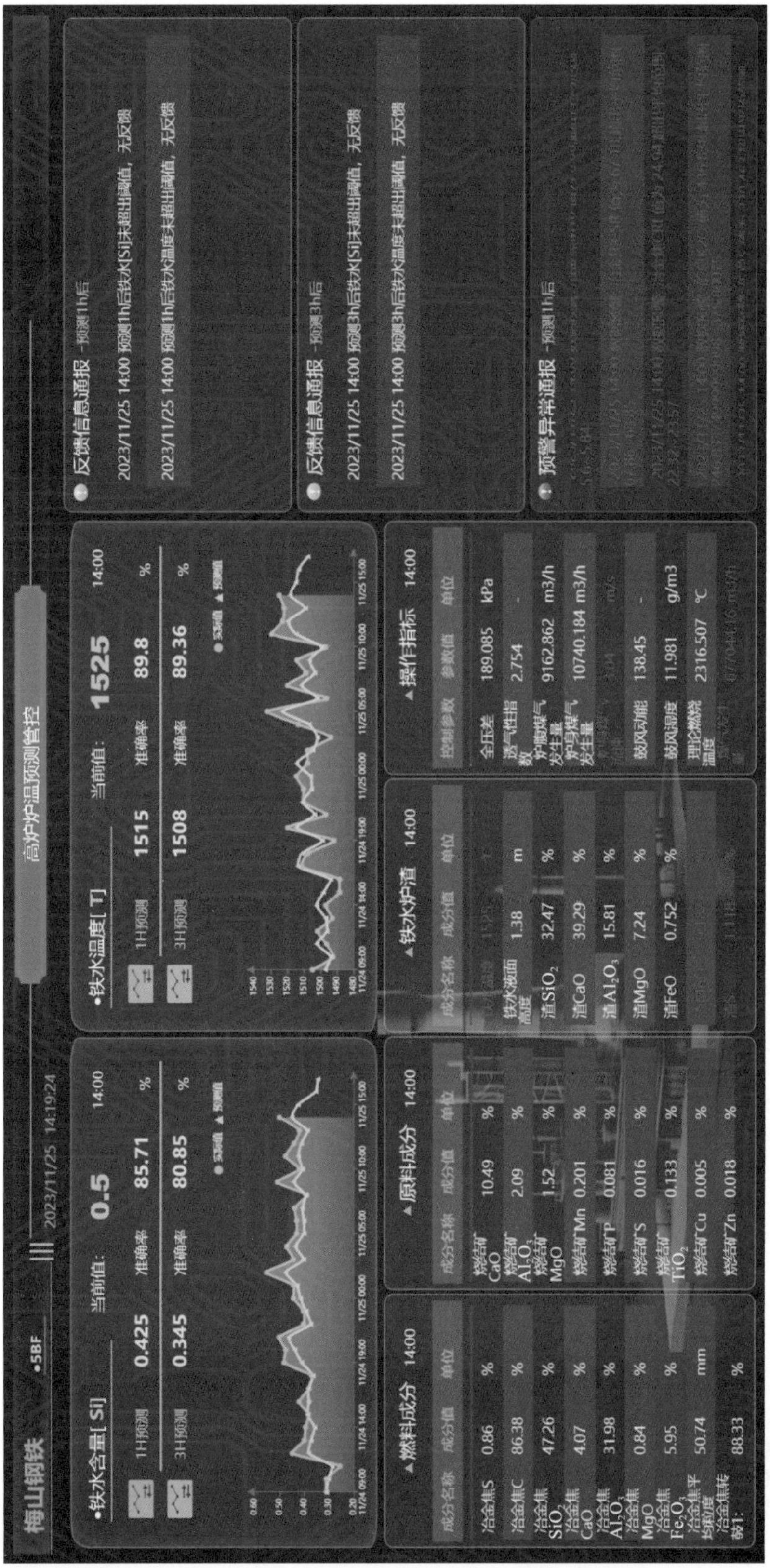

图6 高炉炉热预测与反馈模型应用（梅山钢铁5号高炉）

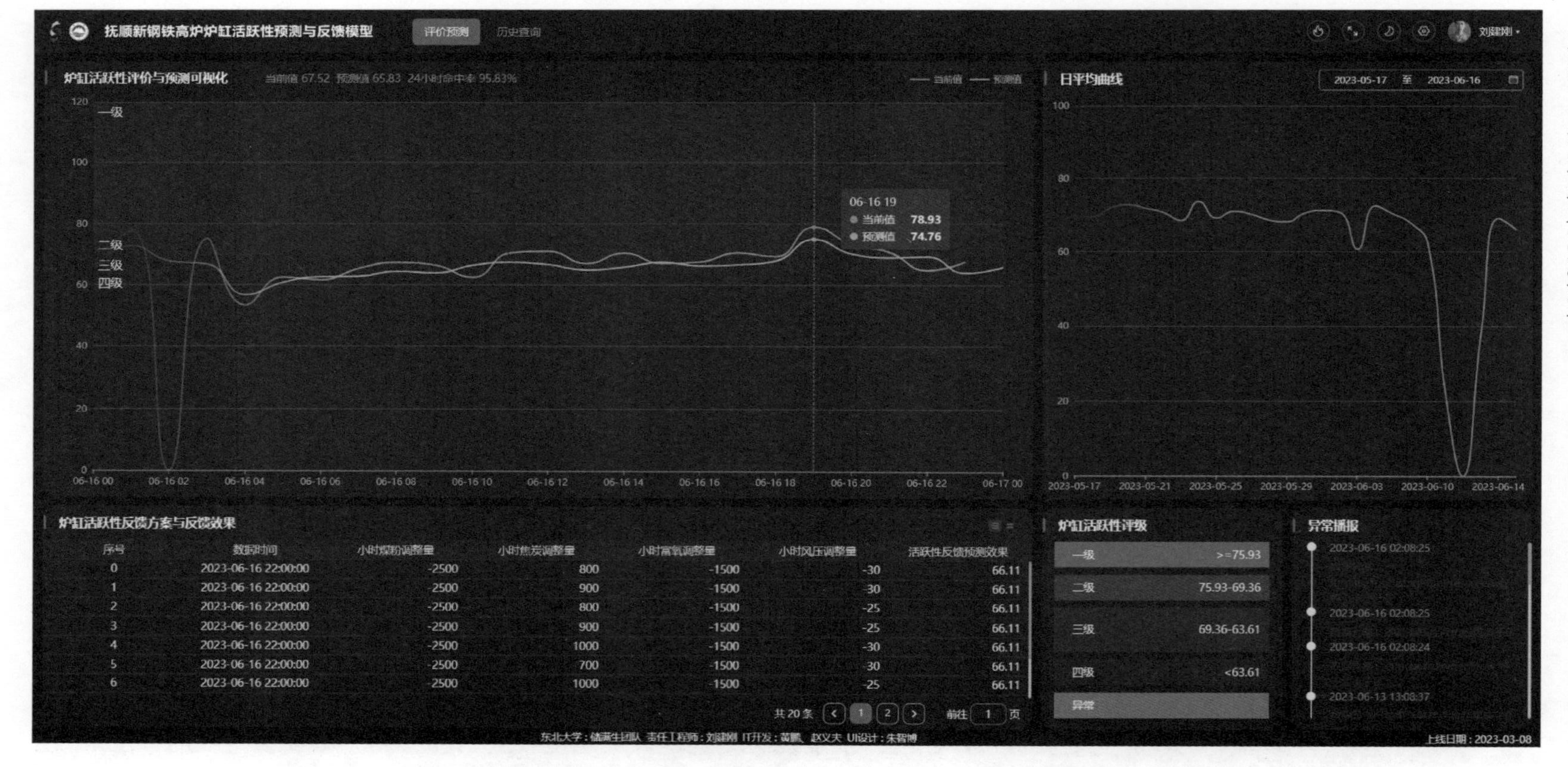

图 7 高炉炉缸活跃性评价预测与反馈模型应用（抚顺新钢铁 1 号高炉）

水［Si］含量预测值与实测值允许误差为 ±0.05%。高炉炉热指标准确率为过去每 48 h 真实值与预测值动态准确率，其中，铁水温度和铁水［Si］含量提前 1~3 h 预测平均准确率均高于 85%。并且当未来 1 h 和未来 3 h 炉热指标超出预期阈值（即铁水［Si］含量低于 0.25% 或高于 0.55%，铁水温度低于 1480 ℃或高于 1530 ℃）时，炉热模型将从煤粉喷吹量、鼓风湿度、热风温度、焦炭负荷、富氧流量和冷风流量 6 个方面为高炉操作者推送量化的调整措施；应用期间，炉热模型反馈措施调整方向符合实际生产情况，为有效稳定高炉炉温水平提供了积极指导。

2.3.2 高炉炉缸活跃性评价预测与反馈技术工业应用

抚顺新钢铁 1 号高炉炉缸活跃性评价预测与反馈模型于 2023 年 6 月正式上线运行，包括炉缸活跃性评价预测可视化、日平均曲线、炉缸活跃性评级、操作建议反馈和异常播报 5 个模块。抚顺新钢铁 1 号高炉炉缸活跃性模型分析了原燃料、工艺操作、冶炼状态和渣铁排放整个高炉工序的数据。投用期间，实现了高炉炉缸活跃性的定量评价（得分评价与等级评价）；提前 1 h 预测炉缸活跃性变化趋势，炉缸活跃性指标在误差 ±5 内的 24 h 动态预测准确率高于 90%；当下一时刻炉缸活跃性分值低于预期阈值（即高炉炉缸活跃性分值低于二级阈值 72.18）时，炉缸活跃性模型将从煤粉喷吹量、焦炭消耗量、富氧流量和热风压力 4 个方面为高炉操作者推送量化的调整措施，进而给改善炉缸活跃性水平。反馈操作建议得到了高炉操作者的高度认可，在稳定炉况过程中发挥了重要作用，目前炉缸活跃性分值为 80.84，与应用前平均水平相比炉缸活跃性分值提升了 11.45%。

3 结语

东北大学围绕高炉智能化炼铁技术的研发与应用开展了大量的研究工作，根据高炉炼铁生产过程工艺及数据特点，整合高炉炼铁全流程等历史数据和实时数据，在数据预处理的基础上，采用时序性关联分析方法和深度学习、集成学习等大数据人工智能技术，开发了“工艺理论 + 数据分析 + 专家经验”三位一体的高炉智能化关键技术。积累了扎实的理论基础和丰富的实践经验，部分成果已取得良好的工业应用效果。

大数据技术在高炉炼铁领域的逐步应用，对改善高炉炉况和赋能降碳起到了积极作用。然而，当前人工智能处于从“不能实用”到“可以实用”的技术拐点，距离“很好用”还有诸多瓶颈，要实现高炉的智能控制，依然有大量的研究工作需要继续探索和完善。

储满生 唐 珏 石 泉

数字化烧结关键技术

1 引言

烧结矿是高炉最主要的原料，其性能极大影响高炉操作的稳定高效，对于提高高炉炼铁系统的经济效益起着至关重要的作用。随着优质铁矿石资源的减少与铁矿石价格上涨，在钢铁行业急需降本增效的大背景下，烧结用铁矿石资源种类多、成分杂、特性差异大，使得通过简单的烧结混合矿成分预测并不能保证实际烧结矿冶金性能的稳定，进而影响高炉的正常运行。同时烧结工作状态是烧结生产过程中影响烧结矿质量、产量以及成本的重要工艺因素，适宜、稳定的烧结工作状态是保证高炉获得优质烧结矿的关键所在。

随着人工智能的发展，机器学习算法在烧结过程预测方面迅速发展，并取得良好效果。将机理与机器学习进行深度融合，可以更准确地挖掘烧结原料、烧结过程参数与烧结矿成分质量之间的逻辑关系，同时降低现场操作人员劳动强度，达到合理利用铁矿资源、稳定烧结产线状态与烧结矿质量、增产降耗的目的。因此研究团队基于机理与机器学习，围绕烧结智能优化配矿、烧结过程参数智能预测、烧结状态质量综合评价与优化研究等关键技术开展工作，取得如下主要研究进展。

2 主要研究进展

2.1 基于铁前系统大数据的烧结智能配矿

研究团队针对当前铁矿粉价格质量波动大，烧结配矿成本高，烧结矿质量不稳定等问题，提出基于铁前系统大数据的烧结智能配矿，采用大数据技术与集成学习架构将机器学习与机理进行深度融合，研发和应用基于机理与数据融合的烧结智能配矿技术，对于满足高炉长周期稳定顺行，降低铁前系统生产成本，提高经济效益，有重要的作用。

烧结智能配矿完成内容包括：（1）建立烧结智能配矿数据库。提出数据需求同时开展数据调研，建立包含烧结原料、烧结工艺参数、烧结矿质量等现场多源异构数据的数据库，为后续智能配矿模型分析提供高质量的数据。（2）烧结过程数据治理。采用数据处理技术，实现烧结智能配矿数据库数据的自动清洗与整合。(3) 进行现场常用烧结铁矿粉单矿、混合矿烧结基础特性实验研究，表征单矿和混合矿烧结基础特性关系，并基于现场烧结原料条件与铁矿粉基础特性，开展不同配矿比例条件下烧结杯实验，并完成烧结杯成品矿转鼓强度、低温还原粉化性能、还原性等性能指标检测，并将相关实验数据传输至烧结智能配矿数据库。(4) 获取烧结智能配矿数据库提供的原料、工艺参数、性能、技术经济等数据，采用机理融合机器学习建立烧结矿化学成分预测模型，进而给出因果分析与关联分析协同的烧结矿化学成分预测结果，实现烧结矿成分高精度预测。(5) 获取烧结智能配矿数据库提供的原料、工艺参数、性能、技术经济等数据，采用机理融合机器学习建立烧结矿冶金性能预测模型，进而给出因果分析与关联分析协同的烧结矿冶金性能预测结果，实现烧结矿冶金性能高精度预测。(6) 基于烧结数据平台提供各种原料配比、价格、能源消耗等数据，考虑物质量平衡与专家经验，基于大数据建立烧结生产成本预测模型，实现烧结生产成本的实时预测。(7) 基于烧结矿化学成分预测、烧结矿冶金性能预测、烧结成本预测等模型，采用多目标优化算法，获取烧结优化配矿方案。(8) 编制烧结智能优化配矿软件，以开源计算机语言及软件为基础开发数据库及智能模块，设计友好的人机交互界面，实现烧结智能配矿技术的现场应用。

烧结智能配矿软件烧结优化配矿部分界面如图 1 所示，模型于 2023 年 12 月上线，包括料场—烧结—烧结矿性能预测—吨烧成本预测实时数据显示、烧结矿性能—吨烧成本预测趋势、烧结优化配矿、原料—烧结—高炉历史数据查询、数据项手动录入等模块。烧结智能配矿模型分析了原燃料、工艺操作、烧结矿性能、铁前生产成本等铁前系统数据，共 204 个变量，1204 万个数据。上线应用后，在预测误差 4% 时对烧结矿 TFe、二元碱度、镁铝比、转鼓强度、低温还原粉化率 $RDI_{+3.15\ mm}$、成品率、利用系数、软化开始温度 T_{10}、陡升温度 T_s、滴落温度 T_d、透气性特征值 S 的预测命中率达到 98%，实现通过现场铁矿粉使用条件、高炉冶炼烧结矿质量需求、烧结产线水平推送烧结优化配矿方案，实现吨铁成本降低 5 元。

2.2 烧结过程智能预测与优化

研究团队针对烧结产线缺少实时数据驱动智能化预测与决策模型、烧结状态参数的预判对现场操作人员水平依赖性强、烧结产线人工调整幅度大产线恢复时间长等问题，提出烧结过程智能预测与优化研究，利用大数据技术实现烧结数据高效处理，在海量的烧结数据资源上依据数据分析模型进行高速运算，构建系列智能分析模块，助力现场烧结产线的稳定。

烧结过程参数智能预测与优化研究完成内容包括：(1) 烧结过程数据治理。采用

图 1　烧结智能配矿软件（部分界面）示意图

数据处理技术，实现烧结原燃料—烧结工艺操作—烧结工作状态—烧结矿产质量全链条数据的自动清洗与整合。(2) 烧结状态质量时滞性分析。基于时滞性分析算法，开展烧结状态质量关键参数与烧结原料操作参数间的时滞性分析，动态消除产线数据项时滞性影响。(3) 烧结状态质量关联性分析。依托关联性分析算法与关联规则挖掘技术，开展烧结状态质量关键参数与烧结原料操作参数间的关联性分析，充分挖掘参数间关联关系，筛选重要的影响因素。(4) 烧结状态质量综合评价。通过数据信息分析方法与现场专家经验充分结合，实现烧结过程状态质量自适应综合精准评价，以无监督学习进一步划分烧结过程状态质量等级，协助现场快速判断烧结产线水平。(5) 烧结状态质量精准预测。基于深度学习结合烧结工艺建立具有自学习功能的烧结状态质量智能预测模型，实现烧结状态质量提前精准预测。(6) 烧结状态质量反馈优化。基于烧结状态质量评价与预测，通过多目标优化算法反馈量化的烧结操作参数调整方案，实现烧结状态质量参数优化，指导烧结稳定生产。(7) 烧结过程异常根因分析。实时监控烧结过程状态质量关键参数，针对同一配料条件下烧结过程数据与烧结过程异常参数开展根因分析，融合现场专家经验追溯烧结状态质量参数异常原因并为现场调控提供基于现场数据信息的诊断方案。(8) 新型智能化高效烧结软件开发。充分融合现场工程师需求与数据分析工程师技术，以开源计算机语言及软件为基础开发数据库及智能模块，设计友好的人机交互界面，实现新型智能化高效烧结技术的现场应用。

该模型于 2023 年 6 月上线调试，7 月正式上线运行，上线应用界面如图 2 所示，

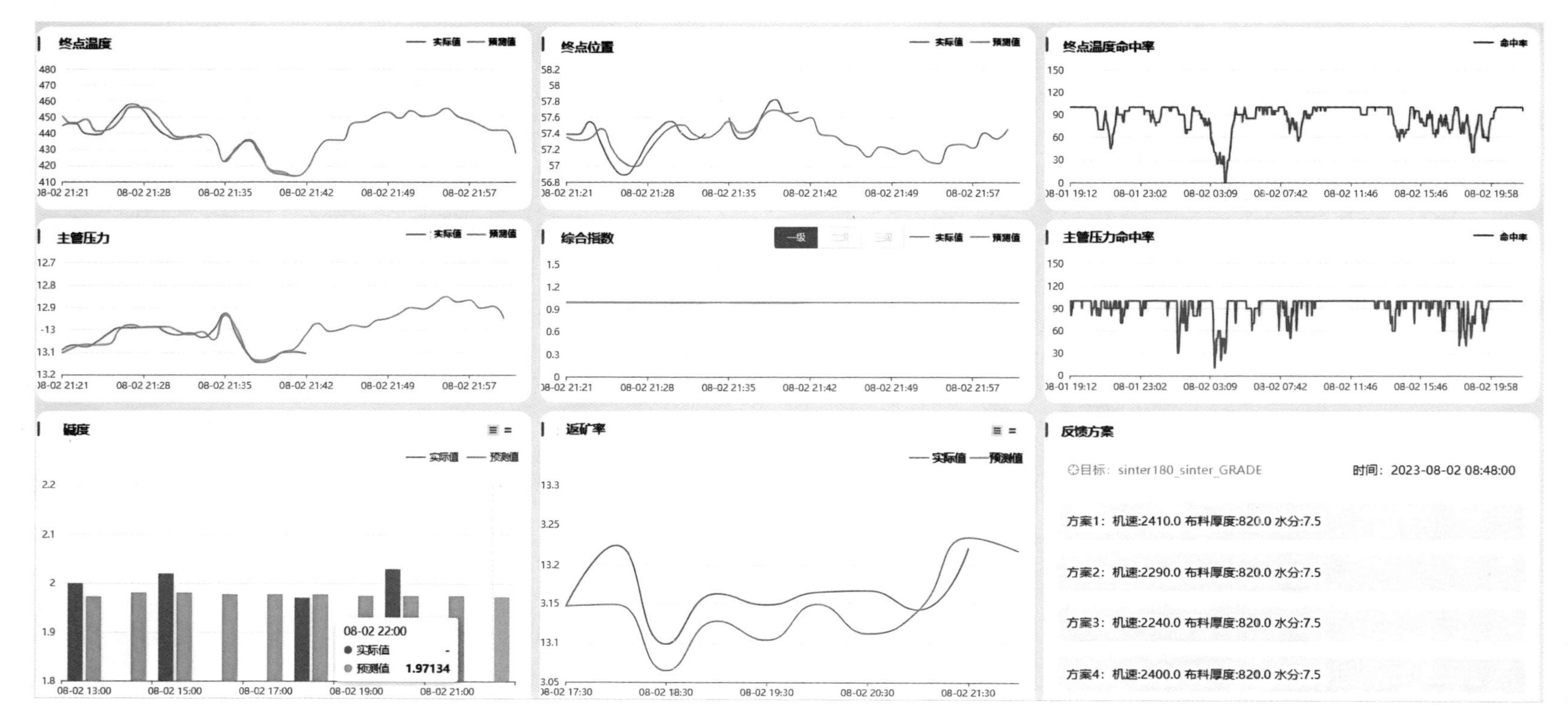

图 2　烧结过程智能预测与优化软件界面示意图

包括烧结重点参数预测可视化曲线、烧结重点参数命中率可视化曲线、烧结矿质量预测可视化曲线、操作建议反馈4个模块。模型分析了烧结原料、工艺操作、生产状态和烧结矿质量等218个参数，处理数据14431万个。投用期间，实现了烧结终点位置与终点温度的实时计算；实现了烧结状态质量综合实时定量评价；烧结终点温度、主管负压等烧结状态重点参数提前20 min预测，预测命中率在期望范围内高于90%；在综合等级或烧结重点参数超出理想范围时，模型将从布料厚度、机速、混合料水分3个方面为烧结操作者推送量化的调整措施，进而改善烧结生产水平。模型相关功能得到烧结操作者的认可，应用后烧结工作状态稳定性提高，其中终点温度稳定性提高7.33%，主管压力稳定性提高13.97%；烧结矿质量稳定性提高，其中转鼓强度稳定性提高14.71%，FeO稳定性提高5%，返矿率稳定性提高0.68%；烧结欠烧过烧减少，其中欠烧基本消除，过烧比例减少11.79%。

3 结语

烧结智能配矿主要从烧结配矿机理与专家经验角度出发，对烧结配矿方案进行优化，未考虑烧结过程参数对烧结矿性能的影响，而烧结布料厚度、抽风负压、点火温度、欠烧过烧等参数对烧结矿性能同样有着较大影响。东北大学将机理与数据驱动充分融合，将冶金理论的原则性与大数据技术的精准性相结合，实现烧结矿性能的智能精准预测，进而基于铁前实际生产条件优化烧结配矿方案，与现场铁前生产结合程度高，进一步提升铁前系统降本潜力。

烧结智能化技术以专家经验为主，现场数据应用不全面，对现场操作人员操作水平要求较高。东北大学通过烧结过程智能预测与优化研究，充分利用烧结过程全链条数据，各智能决策模块以现场生产数据信息为主的同时融合生产经验，在现场烧结操作方针框架内提升产线智能化水平，降低操作人员劳动强度，提升烧结产线稳定性，进一步发掘了钢铁企业节能降耗潜力。

储满生　唐　珏　石　泉

高效炼钢—连铸工艺与装备技术

方向首席：朱苗勇

宽厚板边线裂纹控制新技术

1 研究背景

钢铁是作为国民经济建设的基础原材料，在人类生产活动、推进人类历史文明发展中起到了举足轻重的作用。自 19 世纪中期以来，在平炉与转炉技术推动下，全世界范围内的钢产量得到了迅猛发展。2022 年，全球粗钢总产量达到了 18.85 亿吨，已成为最重要的材料之一。我国的粗钢产量相比 2021 年虽有所下降，但依然达到了 10.18 亿吨，占到了全球粗钢总产量的 54.0%。钢铁行业已成为我国最重要的支柱性产业之一。

钢产量高速发展的同时，随着人们所从事生产活动的深度与广度推进，日渐苛刻的服役环境要求钢具有更高的强度、韧性、耐腐蚀等性能，由此于 20 世纪初孕育产生了钢的微合金化技术。由于添加有 Nb、V、Ti 等合金元素的微合金钢具有高强、高韧、易焊接、耐腐蚀等优良性能，被广泛应用于能源石化、交通运输、海洋工程、国防军工等重点和关键领域，成为世界各大主要钢铁企业的主力产品之一。目前，微合金钢的产量已占全球总钢产量的 15% 以上，是各大钢铁企业的主要利润来源。

宽厚板属于中高附加值钢铁产品，被广泛应用于重要的承载、耐压等极端服役环境的关键结构部件。受限于苛刻的服役条件，往往要求宽厚板具有更高的强度、韧性、耐腐蚀性以及焊接等性能，再加上其独特的 TMCP 等生产工艺，微合金钢成为各国重点宽厚板生产企业的关键产品，部分宽厚板生产企业的微合金钢产量占比超过了 30%。

连铸作为钢铁工业发展过程继氧气转炉炼钢之后的又一项革命性技术，相比传统模铸生产具有高效、低能耗、高金属收得率、自动化程度高等特点，是现代钢铁企业铸坯母材的主要生产方式。2022 年，我国的连铸比达到了 99.63%，连铸已是我国高品质钢材母坯制备的最主要途径。

高端宽厚板是支撑国家重大工程和国防建设的关键金属材料，主要由宽厚连铸板坯经若干道次展宽轧制与纵向轧制制备而成。然而，在宽厚板轧制过程，由于轧制过程边部为自由展宽轧制，在大展宽比条件下，钢板边部高发边线裂纹（也称“边直裂”或“边部黑线”）质量缺陷。特别是微合金钢宽厚板轧制过程，受限其轧制目标温度控制，钢板边线裂纹的宽度往往比普通钢板在相同轧制展宽比条件下的宽度宽，已成为制约微合金钢宽厚板高质、高效与绿色制备的行业共性技术难题。

关于边线裂纹的成因，一部分学者把钢质缺陷造成的宽厚板边线裂纹缺陷主要归结于铸坯表层夹杂物和铸坯边角部裂纹引发所致。然而，在实际连铸生产过程，铸坯宽面表面亦含有大量夹杂物，其轧制过程并未产生明显的线状裂纹缺陷。同时，实际轧制宽厚板过程，边线裂纹较长（一般大于200 mm），由于夹杂物划伤及变形不协调所致的宽厚板缺陷，一般长度小于100 mm。因此，关于夹杂物造成宽厚板边线裂纹缺陷的成因，与实际生产并不十分相符。还有一部分学者认为边线裂纹缺陷主要是由连铸生产过程所形成的铸坯边角裂纹遗传所致。然而，在实际宽厚板轧制过程，由于连铸坯边角部裂纹造成的宽厚板边部裂纹缺陷多为大尺寸、不规则结构形状，且其裂纹两侧的金相组织结构因裂纹的存在而产生明显不同，这与宽厚板的边线裂纹两侧的组织结构较为一致的实际不符。经过多年研究，多数冶金工作者及钢铁企业鉴于该类裂纹的形貌特殊性及现场实际，认为宽厚板边线裂纹主要产生于轧制环节。

为了控制宽厚板边线裂纹，对铸坯角部形状进行火焰清理可在一定程度上减轻折叠缺陷，这也是目前国内外钢铁企业在大展宽比宽厚板轧制中边线裂纹控制的主要手段。该控制技术的原理主要是通过连铸坯下线将其角部导成圆弧角，使铸坯在轧制过程减小其角部的温降，从而减少因铸坯尖角快速降温而带来的折叠缺陷。该方法虽然可以在一定程度上降低宽厚板边线裂纹的产生，但在实际生产过程中，铸坯需要下线冷却至近室温进行铸坯角部火焰清理，不仅大幅延长产品制造周期，也大幅增加了工人的劳动强度，且由于高温铸坯无法热送至加热炉而不节能环保。

针对基于轧制工艺优化控制宽厚板边线裂纹的研究，主要集中于连铸坯加热温度和轧制压下及轧制过程的冷却工艺上。其中，针对连铸坯加热工艺，一般认为连铸坯在加热炉内加热温度场的均匀性是减小边线裂纹发生率的关键。有研究表明，确保连铸坯加热过程上下表面的温差控制不大于30 ℃范围，可一定程度降低宽厚板轧制过程中间坯的对中误差，从而提高金属轧制变形渗透性，减小边部线状裂纹的严重程度。

针对轧制过程道次压下及中间坯温度控制改善宽厚板边线裂纹的研究，主要通过优化连铸坯展宽道次的压下量，减少铸坯在展宽过程窄面翻至中间坯边部表面的量。但在实际轧制过程，各道次压下量与板形、性能均息息相关，可优化调整的空间有限。而基于中间坯温度控温的钢板边线裂纹控制，主要通过提高铸坯在纵轧过程钢板边部的温度。然而，在实际钢板纵向轧制过程，已处于轧制的中后期，中间坯较薄，其边部的温度已较低。同时，在现有轧线条件下，钢板边部无保温装置，实际生产过程除了通过控制生产节奏，较难有效提高中间坯边部的温度，边线裂纹控制效果也较为有限。为此，东北大学高效连铸研究团队对宽厚板边线裂纹的形成机理开展了深入研究，并从连铸环节着手开发应用了控制新技术。

2 技术路线与实施方案

（1）研究宽厚板边部形貌及其金相组织特点，在此基础上构建宽厚板轧制过程热/力耦合有限元计算模型，系统研究不同厚度规格展宽比条件下宽厚板轧制和连铸坯窄面形状对中间坯边部金属流变和形貌演变的影响规律，揭示宽厚板边线裂纹的形成机理。

（2）根据边线裂纹的形成机理，提出窄面凹形连铸坯轧制控制边线裂纹的新思想。即通过将连铸坯窄面设计呈一定内凹深度的凹形坯，以减少中间坯轧制过程窄面翻转至钢板边部的量，从而大幅降低宽厚板轧制过程边线裂纹产生的宽度。

（3）建立结晶器凝固多物理场耦合仿真数学模型，定量探明铸坯在窄面凸透镜结晶器及其腰鼓形足辊条件下的凝固行为规律，开展结晶器结构与配套连铸工艺设计。在此基础上，开展新结晶器工业化应用研究，最终实现宽厚板边线裂纹控制的目标。

3 宽厚板边线裂纹形成机理及其控制策略

通过系统研究不同厚度规格展宽比宽厚板轧制和连铸坯窄面形状对轧制过程中间坯边部金属流变和形貌演变的影响规律，揭示了宽厚板边线裂纹的形成机理：中间坯纵向拉伸轧制过程边部形成了“拉丝状”结构，在压下轧制过程，受压下金属宽展流动作用，引发“拉丝”结构的中间坯窄面开裂，并在继续减薄过程翻转至其边部而形成边线裂纹。

由宽厚板边线裂纹形成机理可知，边线裂纹产生的潜在分布宽度即为轧后连铸坯角部在钢板边部遗留位置的宽度，而造成轧制过程连铸坯角部逐渐向中间坯宽度中心方向产生相对移动的主要原因为：中间坯轧制过程受轧辊与其接触摩擦作用，限制了中间坯上下表层宽展移动，从而造成中间坯轧制过程窄面逐渐上翻和铸坯角部遗留位置向宽度方向扩展。根据该中间坯轧制过程边部变形特点，若能提前给连铸坯的上下表层一个展宽量，即将连铸坯的窄面设计为凹形状（以下称窄面凹形板坯），则有望大幅减小中间坯边部翻转至钢板边部的宽度，即可以降低宽厚板边线裂纹产生的宽度。

4 应用效果

图 1 为凸透镜结晶器与其相对应的窄面足辊所生产的宽厚板坯现场实物照片，其边部为内凹结构，进而达到控制边线裂纹产生宽度的目的。鞍钢 4300 mm 宽厚板产线在 1.9 展宽比、成品钢板厚度 22 mm 条件下，与用传统窄面平面形结晶器生产的连铸

坯相比，采用直角结构窄面凸透镜结晶器生产的连铸坯，经过热轧后其板材边部裂纹范围单侧缩减超过 75 mm，均控制在距钢板边部 20 mm 以内。

图 1　鞍钢炼钢总厂一分厂生产的 250 mm 厚度窄面凹形坯形貌

图 2 为集中跟踪统计近 10 万吨不同钢种及其展宽比轧制的宽厚板边线裂纹宽度对比图，采用凸透镜结晶器生产的连铸坯在展宽比大于 2.0 条件下轧制的宽厚板的单侧边线裂纹宽度均小于 20 mm，宽厚板成材率最高可提升 4%。该技术已在鞍钢炼钢总厂、鞍钢鲅鱼圈、山钢莱钢、营口中板、唐山中厚板等企业应用，稳定制备出了厚度分别为 250 mm、280 mm、300 mm 且表面质量合格的窄面凹形板坯，结晶器使用寿命超 10 万吨通钢量。

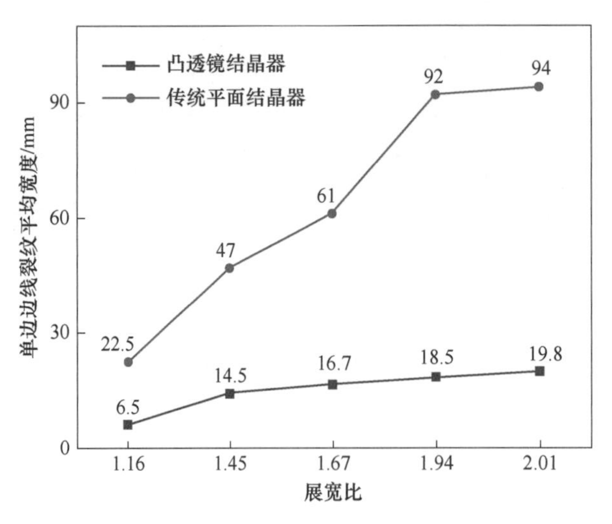

图 2　不同结晶器下不同轧制展宽宽厚板边线裂纹宽度对比

朱苗勇　蔡兆镇

高拉速板坯连铸关键技术研发与应用

1 研究背景

随着“碳达峰与碳中和”国家战略的全面推进实施，钢铁行业面临前所未有的减碳压力，国内钢铁界积极探索发展以高拉速、无缺陷为核心内涵的高效连铸技术，以进一步提升生产效率、降低能耗与成本。目前，日本制铁、日本 JEF 的常规板坯实现了拉速 2.5 m/min 的稳定生产，韩国浦项能以 2.7 m/min 最高拉速浇铸低碳铝镇静钢。然而，我国钢铁企业的常规板坯高拉速连铸技术发展相对滞后，低碳钢的拉速普遍低于1.7 m/min，包晶钢的拉速也普遍在1.3 m/min 以下，无法实施高温连铸坯热送与直接轧制，严重制约着行业高效、绿色化发展。

鉴于此，东北大学高效连铸研究中心在国家钢铁共性技术协同创新中心的组织领导下，针对常规板坯高拉速连铸面临漏钢、裂纹、偏析等一系列安全与质量难题，研究开发了基于连铸大数据的高精度液位控制、高效均匀传热内凸曲面结晶器、连铸坯角部组织双相变晶粒超细化控制、超高调节比二冷动态控制、凝固末端超强淬火等一系列技术，为国内常规板坯的高拉速全面实施提供了系统解决方案和技术保障。

2 关键共性技术

2.1 结晶器液位智能控制技术

随着连铸拉速的提升，结晶器液位异常波动现象将更加严重，不仅导致卷渣发生，而且将严重影响保护渣的润滑传热功能，引发漏钢等重大安全事故。因此，高拉速连铸生产对结晶器液位稳定性控制带来了前所未有的挑战。为此，基于实时采集连铸生产冶金大数据，构建了基于连铸大数据的高精度液位控制系统，如图 1 所示。同时，对采集大数据进行特征挖掘和深入分析，使用频域相干性确定连铸工艺与液面波动之间的深层关系，确定核心影响因素。使用频域变化分析数据特征，深入挖掘液位波动及连铸工艺的频域特征，建立内在联系。基于数据特征，使用深度学习模型对结晶器液位瞬时异常波动实现高精度实时预测，并对塞棒位置进行预测并提前调控，实时修正液位，使得结晶器液位异常波动的调整成功率达到93.9%，大幅度降低结晶器液位异常波动的发生率，确保结晶器液位始终保持在稳定范围内。

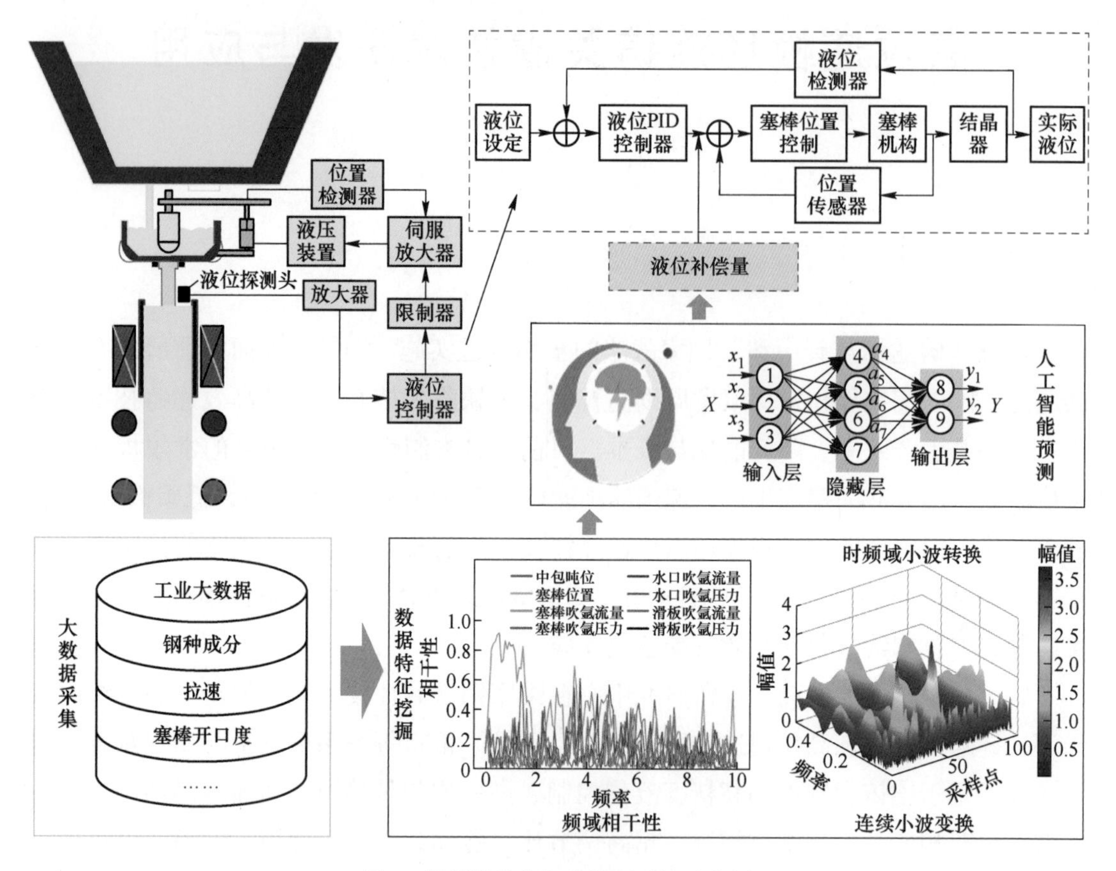

图1 结晶器液位智能控制系统示意图

2.2 结晶器流动控制技术

连铸结晶器内钢液模式和液面稳定性控制对于高品质连铸坯高效制备至关重要。随着连铸拉速的提升，水口优化设计是结晶器流动控制的首选技术，但当板坯拉速超过2.4 m/min，就难以满足控流要求。新一代复合式电磁控流技术，是通过在浸入式水口附近施加电磁制动技术，以抑制高拉速铸流对结晶器窄面初凝坯壳的冲击，并在弯月面附近施加电磁搅拌，以解决结晶器液面因温度不足而化渣不均匀的问题。针对新一代复合式电磁控流技术，构建了基于电磁场时谐分析法的复合式电磁控流数学模型，建立了行波搅拌磁场与稳恒制动磁场之间的匹配关系，明确了结晶器内钢液的流动模式与外在磁场强度之间的定量关系，确保液面波动F指数保持在合理范围内，从而最终实现高拉速连铸下降低主流股浸入深度、增加弯月面温度、降低凝固表皮区域凝固勾深度、改善保护渣润滑效果、提高气泡与非金属夹杂上浮率的效果，防止高拉速连铸控流效果不佳而造成的卷渣、皮下缺陷、纵裂等缺陷以及漏钢事故的发生。

2.3 高拉速高效传热结晶器技术

随着拉速提高，尽管结晶器内热通量会迅速攀升，结晶器内钢液凝固时间和保护渣消耗量不断降低，导致结晶器出口坯壳厚度减薄，容易造成漏钢事故。因此，高拉速连铸的关键在于实现结晶器高效传热和初凝坯壳均匀性生长。为此，针对结晶器内极其复杂的凝固传热的定量描述问题，建立了考虑溶质微观偏析、保护渣与气隙动态分布和坯壳高温蠕变行为的坯壳-结晶器系统热力耦合有限元模型，定量描述并揭示了包晶钢凝固过程中凝固坯壳与结晶器铜壁间保护渣膜、气隙的动态分布规律，并以此研制出高效均匀传热新型曲面结晶器（图 2），该结晶器内腔结构特点为“上部快补偿、中下部缓补偿、角部多补偿”，高度迎合了凝固坯壳生长和收缩。与传统平板结晶器相比，新型曲面结晶器内角部的气隙以及保护渣膜堆积现象基本消除，角部区域坯壳生长更加均匀。该创新型结晶器从根本上解决了结晶器内坯壳不均匀导致的铸坯缺陷，为新一代高拉速结晶器的设计提供了思路。

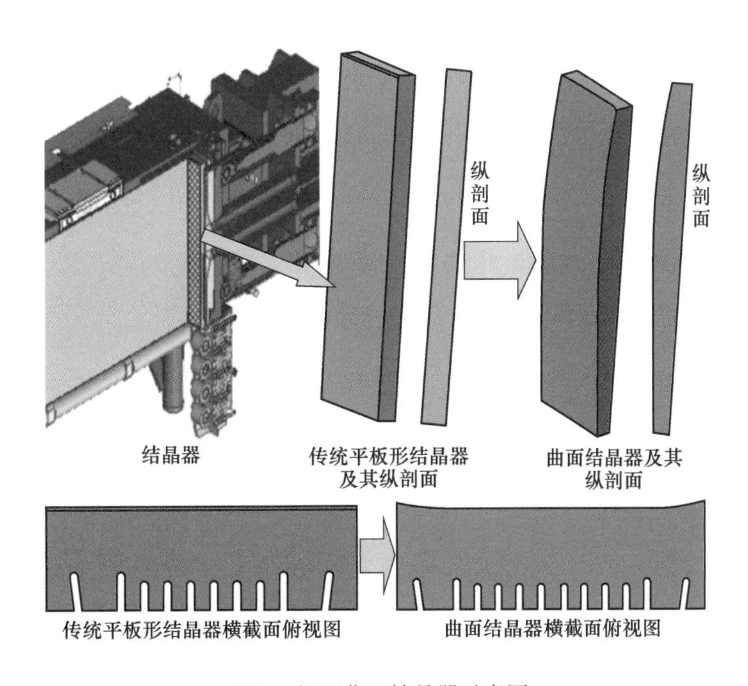

图 2 新型曲面结晶器示意图

2.4 高拉速连铸结晶器振动润滑技术

高拉速连铸结晶器内传热、润滑以及凝固条件变得更为复杂，液渣流入困难、渣耗下降、渣膜分布不均匀等问题使得结晶器与坯壳之间非均匀凝固程度加剧，从而影响连铸坯的表面质量。为此，建立了结晶器内多物理耦合模型，以揭示结晶器内具体存在的卷渣、润滑不足以及传热不均匀的问题。基于保护渣的理化性能，明确保护渣剪切变稀行为、传热不稳定行为以及润滑不足行为的作用机理，并确定保护渣的最佳成分范围以及各项物性参数，从而达到实现性能协同的目的。基于现场实际生产，通过模拟研究以确定最佳的结晶器振动等各项工艺参数与高拉速保护渣的理化性质相配合，达到弯月面区域稳定的传热以及提高渣耗和润滑能力的目的，满足高拉速板坯连铸稳定生产需求。

2.5 超高调节比二冷动态控制技术

为满足低碳钢、超低碳钢以及铝镇静钢等常规板坯高拉速连铸需求，基于传统板坯连铸机装备情况，构建了基于 GPU + CPU 异构并行的板坯连铸三维非均匀凝固传热数学模型，明确了传统板坯铸机高拉速实施所面临冶金长度不足的限制性环节，提出了超高调节比二冷动态控制技术，联合喷嘴设备供应商研发了调节比 1：4 的全水喷嘴和调节比 1：20 的气雾喷嘴，确保高拉速连铸结晶器足辊段以及弯曲段高强度冷却，抑制了前期的不均匀冷却对凝固形貌的不利影响，实现传统板坯连铸超短液芯凝固，防止常规板坯高拉速连铸液芯过长导致切割漏钢事故。同时，超高调节比二冷动态控制技术能够确保实现升速过程连铸低水量向高水量转变的二冷喷水雾化效果，以及满足裂纹敏感性钢种连铸弱冷工艺的顺利实施。

2.6 连铸坯角部组织双相变晶粒超细化控制技术

连铸坯角部组织双相变控制技术的目的在于对角部组织实现晶粒超细化，使进入矫直区域的连铸坯角部组织高塑化。为了实现铸坯角部组织晶粒在连铸机高温区快速双相变而实现超细化，需将铸坯在二冷高温区快速降温以实现铁素体化转变，而后利用连铸坯液芯高温使角部温度快速回升，于立弯段出口前回温至 950 ℃以上，以实现奥氏体化转变，从而使铸坯组织历经两次相变后重新形核和重组，进而实现超细化控制。为此，设计了窄面足辊区角部超强冷喷淋装置，使铸坯角部组织在足辊与立弯段内发生 $\gamma \rightarrow \alpha \rightarrow \gamma$ 相变，在一定深度范围内完成快速铁素体化转变。当铸坯进入二冷的三区和四区，铸坯角部开始迅速升温，组织再次奥氏体化，进而实现了 $\gamma \rightarrow \alpha \rightarrow \gamma$ 相变，完成了铸坯角部组织超细化。

2.7 连铸凝固末端超强淬火技术

为了细化铸坯宽面表层组织晶粒，提高铸坯表面组织高塑化，降低表面裂纹发生率，在连铸凝固末端位置实施了在线扇形段超强淬火技术，使铸坯表层组织完成 $\gamma \rightarrow \alpha \rightarrow \gamma$ 相变。要实现钢组织产生相变，需要保证铸坯表层 0 ~ 10 mm 范围内的组织均发

生 $\gamma \rightarrow \alpha$ 相变，即保证铸坯皮下 10 mm 深度处的温度降至约 600 ℃，而后利用铸坯心部热量使铸坯表层温度再次回升至奥氏体化温度。本技术开发过程中需要对连铸坯表面淬火关键工艺参数及最佳淬火铸流位置、水量等进行研究，结合连铸机及其生产实际，将连铸机扇形段设计成密排喷嘴结构的超强喷淋淬火段，以此对铸坯内弧与外弧表面实施独立、动态超强淬火。本技术的关键点在于：使连铸坯宽面表面回温温度均超过主要微合金钢种的 Ac_3 温度，从而实现铸坯表层组织完成 $\gamma \rightarrow \alpha \rightarrow \gamma$ 相变，细化铸坯宽面表层组织晶粒，从而完全满足淬火组织高塑化转变要求，满足连铸坯热送需求。

3 推广应用

围绕宝钢梅钢传统板坯连铸机、鞍钢朝阳中薄板坯连铸机和新天钢联合特钢小板坯连铸机进行了高效板坯连铸技术开发，研发了结晶器液位高稳定化控制技术、超高调节比二冷动态冷却控制技术开发、连铸坯超短液芯高均匀凝固控制技术开发、连铸坯角部组织高塑化抗裂纹技术、连铸坯扇形段超强淬火技术等一系列高效连铸技术，并研制了高通量浸入式水口、高效传热内凸型曲面结晶器、超高调节比二冷喷嘴和连铸坯在线淬火装置，实现了梅钢 2 号板坯 1100 mm × 230 mm 无电磁制动情况下低碳钢连铸 2.0 m/min 拉速的稳定运行，新天钢联合特钢 1 号机 460 mm × 180 mm 小板坯连铸拉速从 1.4 m/min 提升至 2.4 m/min。

朱苗勇　罗　森

连铸凝固末端压下技术

1 研究背景

特厚板、大规格型/棒材产品广泛应用于海洋工程、能源电力、国防军工等国家重要领域的重大工程与重大装备，具有重要战略意义和巨大经济价值，目前，我国大断面连铸产线已超过60条。然而随着连铸坯断面不断增宽加厚，其内部冷却条件明显恶化，铸坯偏析、疏松和缩孔凝固缺陷愈加严重，传统的低过热度浇铸与电磁搅拌等技术均不足以解决此难题，极大制约了产品成材率、生产效率及服役稳定性的提高。

鉴于此，东北大学高效连铸研究团队立足国家和行业重大需求，协同国内企业及设计院所，从理论、工艺、装备等方面入手，研发了适用于我国“一线多产”的连续、动态压下关键工艺与装备技术，即在铸坯凝固末端及完全凝固后实施大变形压下，充分利用内热外冷高达500 ℃的温差，实现压下量向铸坯心部的高效传递，以达到充分改善偏析疏松、闭合凝固缩孔的效果，从而从根本上解决采用连铸坯批量生产高端特厚板/大规格型棒材的技术难题。

2 凝固末端压下关键工艺与装备技术

2.1 “在哪压，压多少”的压下核心工艺

压下过程铸坯变形特征与常规连铸、轧制过程迥异，且随着压下量的增加，铸坯变形、凝固传热、组织生长、溶质偏析等现象越加复杂，对其认识描述已远远超出了常规连铸、轧制工艺理论范畴。

针对上述问题，系统揭示了重压下过程连铸坯在辊压力、拉坯力、热应力等综合作用下的变形规律及两相区内溶质传输行为规律，提出了连铸凝固末期大变形压下可抑制溶质加速富集的新机制；发现了显著提升宽厚板坯心部缩孔闭合度的单道次临界压下量应不小于8.4 mm、持续补偿凝固缩孔生长的多道次压下率应不小于4 mm/m；明晰了内外温差是影响压下量向铸坯心部传递效率的最关键因素，确立了保障压下变形量向铸坯心部高效渗透的最佳压下区域在固相率f_S为0.5至铸坯完全凝固后5.0 m

内，准确回答了“在哪儿压、压多少”的关键工艺核心问题。

2.2 稳定实施大变形压下的压下核心装备

与固定安装位置的单辊压下设备相比，扇形段是在连续面上进行持续压下，在其压下范围内，均可受到压下作用，并可防止铸坯反弹变形，然而目前常规连铸坯扇形段压下能力远远达不到稳定实施大变形压下的要求，从而影响凝固末端压下技术的有效实施。

针对上述问题，研制应用了世界上压下能力最强的宽厚板连铸扇形段—增强型紧凑扇形段，压坯力较常规扇形段提升了4倍，首次实现了宽厚板连铸坯凝固末端及完全凝固后单段压下量18 mm，多段总压下量40 mm的突破；研发形成了大幅降低压下抗力、高效挤压铸坯心部的渐变曲率凸型辊，单辊压下量提升了3倍，且铸辊寿命提升5倍以上；在此基础上，研发了扇形段状态自监控系统与双反馈液压控制系统，实现了重负荷、强冲击下的辊缝与压力的高精度控制，为基于压力压下量反馈的凝固进程“真检测”提供了重要装备保障。

2.3 凝固末端位置、形貌高精度在线标定技术

在连铸生产过程中，铸坯凝固末端位置随着成分、拉速、过热度等工艺参数的变化而改变，准确预测凝固末端位置与形貌是确定合理压下工艺的首要前提。

针对上述问题，研发形成了基于软测量与真检测相结合的凝固末端形貌、位置高精准度在线探测技术，该技术基于溶质分布演变规律准确建立了凝固全程铸坯断面热物性参数分布，突破了既有软测量方法（传热计算）采用全程全断面固定热物性参数的技术局限；基于实测凝固坯壳厚度与热/力学分析，建立准确的“压力—压下量—坯壳厚度”关系，解决了由于压下变形、溶质迁徙等因素导致凝固末端“漂移”无法准确预测的难题。在准确预测凝固末端位置形貌的基础上，根据连铸坯凝固过程中心偏析与疏松的形成特点，提出了靶向性工艺解决方案，即根据凝固进程划分的两阶段连续重压下工艺，最终实现铸坯均质度与致密度的同步提升。

2.4 压下过程裂纹萌生与扩展风险预测技术

凝固末端压下技术虽然有效改善了偏析、中心疏松、缩孔等缺陷，但在一定程度上增加了裂纹发生的风险。若能在有效改善偏析、疏松、缩孔的同时，有效控制裂纹缺陷，将进一步提高宽大断面连铸坯质量，不断推动高品质钢材的生产。

针对该问题，提出了中间裂纹萌生与角部裂纹扩展临界应变测定新方法，采用高温拉伸实验法确定表面裂纹扩展的临界应变，从而确定相应钢种的裂纹临界准则；基

于连铸全流程热/力耦合模型，耦合重压下过程再结晶细化表层组织、提升热塑性因素，定量预测重压下过程裂纹萌生与扩展风险，阐明了中低固相区内板坯压下率不大于3 mm/m、大方坯单辊压下量不大于5 mm的中间裂纹萌生风险防控，及单道次压下量不大于15 mm的表层裂纹扩展风险防制准则，确保了重压下的安全稳定实施。

3 应用效果

3.1 本钢特钢方坯连铸产线建设

在本钢特钢升级改造过程中，东北大学和中冶南方联合设计了2台方坯连铸机，其中430 mm×510 mm断面大方坯连铸机（1号机）是我国自主设计的首台采用平辊连续实施凝固末端重压下的方坯连铸机，其单机架最大压下量达15 mm，总压下量可达40 mm。本钢特钢两条方坯连铸机均采用了东北大学自主研发的连铸坯凝固末端压下与动态二冷过程控制系统，其具备可考虑溶质与温度演变对热物性参数影响的凝固进程高精度预测、基于各二冷区出口目标温度的二冷水表一键反算、基于铸机运行数据实时数据的设备监控诊断与铸坯质量判定等实用功能。铸机投产后运行平稳，铸坯中心疏松与偏析不大于0.5级比例均达到95%以上，处于国际领先水平，且形成了ϕ150 mm大规格高端轴承棒材供货能力，生产的大规格轴承钢、齿轮钢等质量优异，已成功应用于风力发电、高铁动车等重大装备，切实推动了本钢特钢产品结构调整与升级转型发展。

3.2 湘钢450 mm厚特厚板坯连铸机工艺与控制系统整体升级

针对湘钢450 mm厚板坯连铸机（10号机）进行了凝固末端压下与二冷工艺、控制系统整体升级。系统设计研发了不同断面规格、钢种相关的凝固末端压下与冷却工艺，应用了基于数字孪生的过程控制系统，将现有手动/静态控制升级为动态控制，实现了整浇次工艺全自动投用和铸机设备状态监控评判，解决了非稳态浇铸过程辊缝异常锁死、尾坯无法调整压下策略、拉矫电流异常报警、铸坯厚度波动等一系列问题，大幅提升了压下工艺投用率。目前过程控制系统已在450 mm、350 mm等多个断面稳定投用，生产铸坯质量大幅上升，低合金、海工船舶、建筑、桥梁、风电、压力容器等品种中心偏析C类1.5级比例不小于90%，模具钢、耐磨钢等高合金钢中心偏析C类1.0级比例不小于80%，解决了高端大断面连铸坯中心偏析与疏松严重的瓶颈，基本消除了低合金钢厚板坯铸坯中间裂纹缺陷，实现100 mm以上厚板探伤合格率98.5%。生产的产品成功应用于液化天然气LNG/VLGC运输船、大型集装箱船、俄罗斯YAMAL项目、泰国石油ZAWTIKAL项目等重大工程。

3.3 济源钢铁中/大方坯连铸机

济源钢铁是我国中原地区的重要特钢生产基地，为进一步提升铸坯内部质量，在济源钢铁5台方坯连铸机开展专利实施转化，其中在大方坯连铸机（1号机、5号机、6号机）实施了凝固末端压下技术。400 mm×500 mm断面大方坯连铸机（5号机）生产的齿轮钢、轴承钢连铸坯中心碳偏析0.94～1.07比例由50%提升至90%，320 mm×360 mm断面大方坯连铸机（6号机）生产的齿轮钢连铸坯中心碳偏析合格率由66%提升至92%。此外，架构了基于数字孪生的连铸关键工艺仿真系统，实现了全部连铸产线二冷、压下等关键工艺的快速仿真模拟设计，协同采用二冷、电磁搅拌等工艺实现全部产线铸坯中心疏松均不大于1.5级，中心缩孔均不大于1.5级，中间裂纹均不大于1.0级，助力企业产品结构升级调整。目前生产的高端棒材广泛应用于装备制造、轨道交通、新能源等行业。

3.4 鞍钢鲅鱼圈钢铁分公司300 mm厚板坯连铸机

在鞍钢鲅鱼圈公司300 mm厚宽厚板坯连铸机（3号机）开展技术应用。在充分考虑宽厚板坯非均匀凝固特征和扇形段连续压下特点的基础上，首次设计应用了适用于宽厚板坯非均匀凝固特征的渐变曲率凸型辊（图1），在不升级铸机液压、机械、传动等主体装备的基础上，实现单段压下量7.4 mm的突破（实施前不大于3 mm），大幅改善了凝固末端偏析与疏松缺陷。技术全面投用后，生产的管线钢、模具钢等高端厚板产品中心偏析C级率由不足50%提升至75%，中心疏松不大于0.5级比例提升至100%，消除了中间裂纹缺陷，大幅提升了铸坯及轧材产品质量和成材率（图2）。生产的大壁厚管线钢质量优异，可满足复杂服役环境需求，已应用于中俄东线、西气东输等国家重大工程，有力提升了鞍钢产品的核心竞争力。

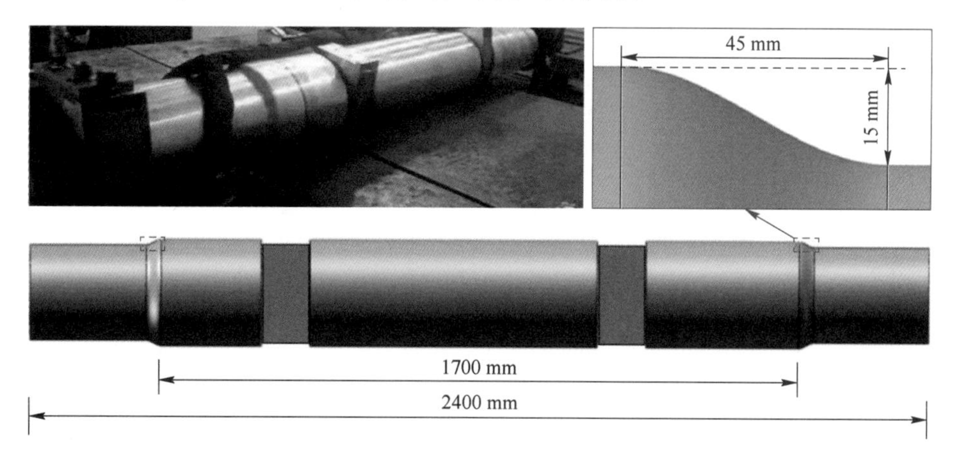

图1 宽厚板坯渐变曲率凸型辊

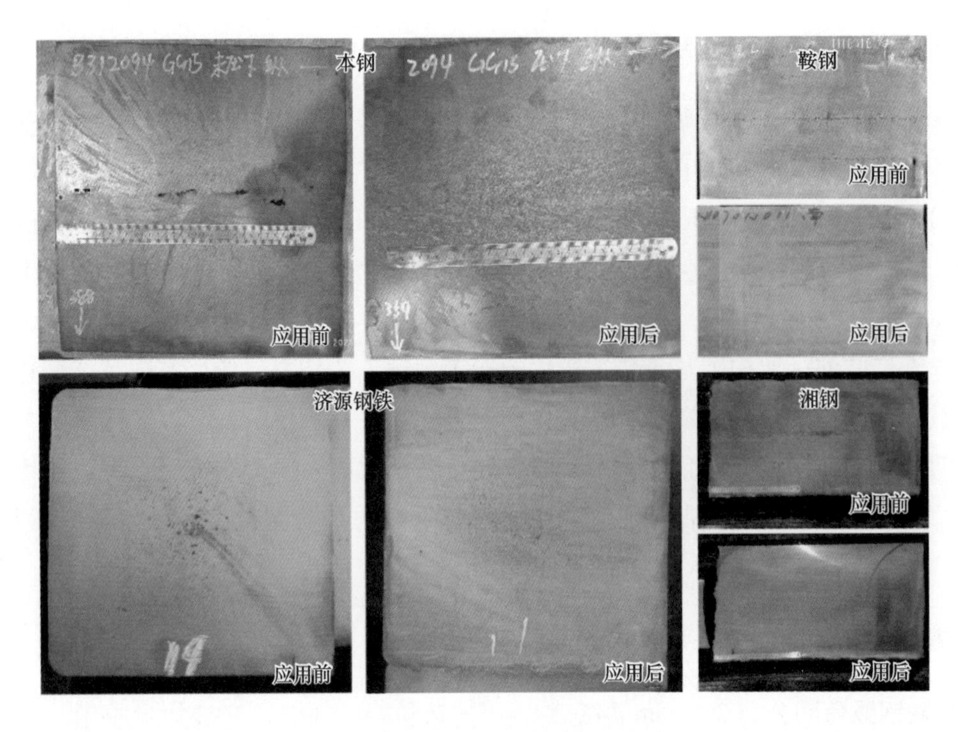

图2 技术应用后铸坯低倍质量对比

朱苗勇 祭 程

特殊钢冶金工艺与装备技术

方向首席：姜周华

电渣重熔高端模具钢工艺与装备的创新与应用

1 引言

模具工业是国家发展的基础工业，“现代工业，模具领先”已成为制造行业的共识，模具工业水平的高低已成为衡量国家制造业水平的重要标志之一，模具钢的质量水平是影响模具使用效果和服役寿命的关键因素，因此，不断开发先进的制备技术以提升模具钢的质量水平至关重要。我国是全球模具钢消费最大的国家，但是由于国产模具钢冶金质量水平问题，我国每年约有 10 万吨的高端模具钢依赖进口，占模具钢高端市场的 80% 以上。与进口模具钢相比，目前国产模具钢仍存在的瓶颈问题是 D/Ds 类夹杂物超标和带状偏析比较严重，且该问题在不同企业、不同牌号模具钢中普遍存在，是国产高端模具钢生产过程中的关键共性技术难题。

针对上述瓶颈问题，东北大学特殊钢冶金团队开展了系统的应用基础研究工作，从高端模具钢电渣重熔的装备设计、熔渣成分优化、工艺过程控制等方面开展技术攻关工作，形成了高端模具钢电渣重熔关键技术的集成，成功在抚顺特钢等知名模具钢生产企业推广应用，大大提高了国产模具钢的质量水平。

2 关键技术开发

2.1 高端模具钢电渣重熔工艺与控制技术

电渣重熔是生产高端模具钢的主要方法，但传统电渣重熔技术和装备因其固有特征，在生产时，存在电耗高、污染重、效率低、成本高、质量差等问题，无法满足高端模具钢的生产。为突破传统电渣重熔工艺的局限，提出了电渣重熔过程洁净化和均质化两个原创性工艺原理。如图 1(a)所示，第一，针对传统电渣重熔工艺存在的电极表面氧化、元素烧损等系列质量问题，我们采用全密闭气体保护，控制电参数，使电渣重熔全过程所有的冶金反应参数，如渣温、渣成分、熔池深度和钢渣氧化性等始终保持不变，保证冶金反应和凝固条件恒定，从而获得成分均匀和洁净度高的钢锭。这一新思想称之为“全参数过程稳定的洁净化原理”。第二，传统观点认为，钢锭内外质量相互矛盾，工艺控制窗口窄。我们定量表征了熔速与内外质量的关系，确定了最佳熔速，找到了更宽更快的熔速控制窗口，使钢锭质量“内外兼修”。这一新思想称之为“超快冷和最佳熔速下的浅平熔池均质化控制原理”。

为此，团队自主开发了基于电极重量精确检测和同轴导电的熔化速度精确控制、基于电压摆动的电极插入深度控制、全密闭保护罩和罩内气氛氧含量精确检测的可控气氛精确控制等关键技术，集成了国际最先进的电渣重熔成套装备和技术，实现了高洁净度、高均质性高端模具钢的生产。

2.2 高端模具钢电渣重熔用预熔渣的开发

目前国产模具钢生产过程中存在一个共性的瓶颈问题：即便将氧含量控制到较低水平（$10\times10^{-4}\%$），钢中仍可能会有个别 20 μm 以上的 D/Ds 类大尺寸夹杂物。在不同产品系列、不同牌号模具钢生产中均出现了该问题，是模具钢生产过程中的关键共性技术难题。经检测分析发现，大尺寸夹杂物通常为钙铝酸盐，直径甚至可达 40 μm 以上，夹杂物中明显存在钙的富集，明确了钢中钙含量过高是导致 D/Ds 类夹杂物超标的根本原因，钙铝酸盐属于液态夹杂物，在冶炼过程中容易聚集长大成球状夹杂物，但是由于与钢液接触角很小而难以从钢液中去除。

调查发现，国产模具钢普遍采用传统的“三七”渣（30% Al_2O_3 + 70% CaF_2）进行冶炼，电渣重熔过程中钢液增钙是造成模具钢中 D/Ds 夹杂物超标的根本原因，为此，基于分子离子共存理论（MICT）构建了 CaF_2-CaO-Al_2O_3-SiO_2-MgO 五元渣系的钙活度预测模型，发现 CaF_2 是影响熔渣钙活度最主要的组元，熔渣钙活度随 CaF_2 含量的增加显著增高，传统“三七”渣电渣重熔生产模具钢过程相当于对电极中的夹杂物进行了钙处理，容易出现 D/Ds 夹杂物超标的问题。在此基础上，提出基于渣系优化降低熔渣钙活度，进而降低电渣重熔过程钢液增钙的核心思路，为了克服传统“试错法”开发渣系存在的周期长、效率低和可靠性差的问题，首次将基因工程设计思路应用到渣系开发上，综合考虑熔渣的熔点、电导率、黏度、钙离子浓度等参数，采用遗传算法开发了成分筛选框架，如图 1(b)所示，成功开发出高品质模具钢电渣重熔用新渣系，该方法大大提高了渣系设计的效率和成功率，在熔渣成分设计方面属于国际首创。

成功开发的高端模具钢电渣重熔专用渣系，提高了电渣重熔过程熔渣对夹杂物的去除能力，抑制渣金反应导致的钢液增钙趋势，同时根据熔渣物化参数和锭型规格优化电渣重熔过程电流、电压、熔速、电压摆动等关键工艺参数，成功实现了电渣重熔高端模具钢中 D/Ds 类夹杂物的控制，实现了高洁净度高端模具钢的制备。

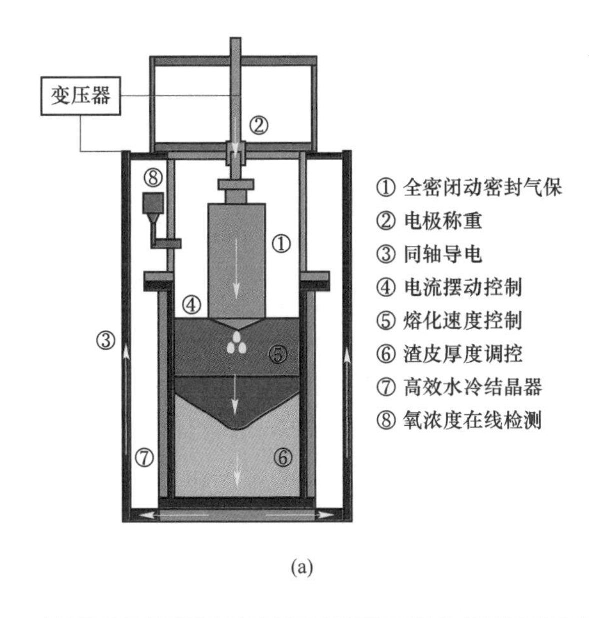

(a)

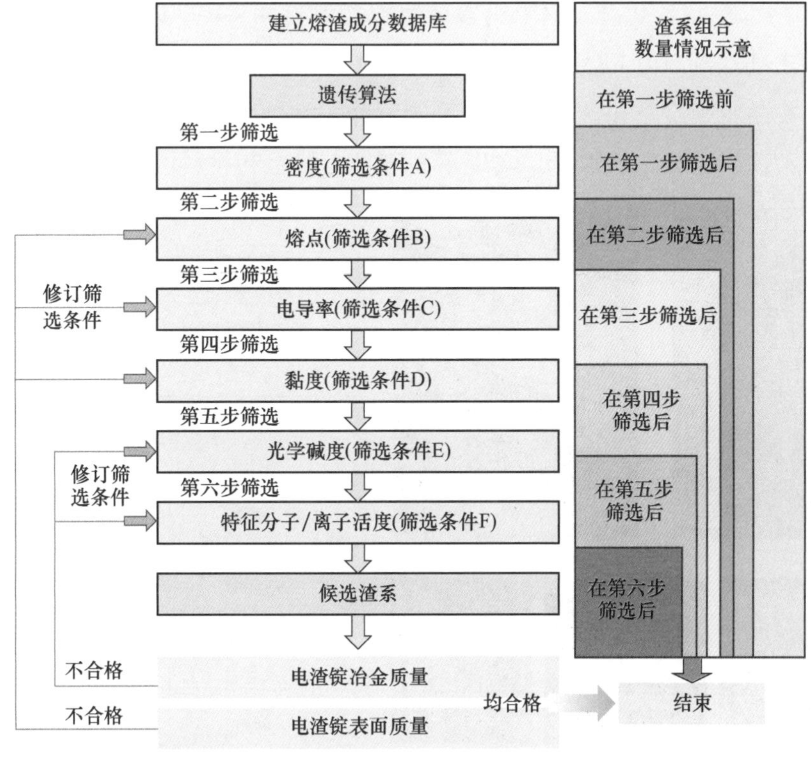

(b)

图 1　高端模具钢电渣重熔关键技术开发

(a) 电渣重熔关键工艺与控制技术示意图；(b) 高端模具钢电渣重熔用渣系筛选框架

3 技术推广与应用

在应用基础研究的基础上，将熔渣设计以及电渣重熔工艺和装备等关键技术集成，为企业提供全方位一体化解决方案，将完全自主知识产权的电渣装备和工艺技术推广到抚顺特钢、大冶特钢、天工国际、北满特钢等特钢企业用于模具钢、轴承钢和特种不锈钢等品种的生产，共计30余台套（5~30 t），如图2(b1)~(b3)所示。采用本项目技术，抚顺特钢已经成功生产出一体化压铸用大规格模具钢为代表的高端模具钢产品，如图2(a1)所示，用于制造新能源汽车车身一体化压铸用大型模具。采用本项目技术，河南国泰东工实现了世界最长10.4 m自耗电极的抽锭电渣重熔生产高端模具钢和轴承钢，如图2(a2)所示。本项目实施后，电渣重熔过程控制指标达到国际先进水平，插入深度的控制精度可达±1 mm，炉内氧含量达到10^{-4}以下，熔速控制精度可达2%~3%。同时，生产的高端模具钢的质量指标达到国际先进水平，模具钢中的Ds类夹杂物可以控制到0级，钢中钙含量可以控制在4×10^{-6}以下，带状偏析可以达到A级，冲击功达到20 J以上（V形缺口）。成功解决了国产模具钢存在的D/Ds类夹杂物超标等共性瓶颈难题和带状偏析严重导致冲击韧性低的问题，助力我国高端模具钢的制备技术达到国际先进水平，实现了关键核心技术和材料的自主可控。

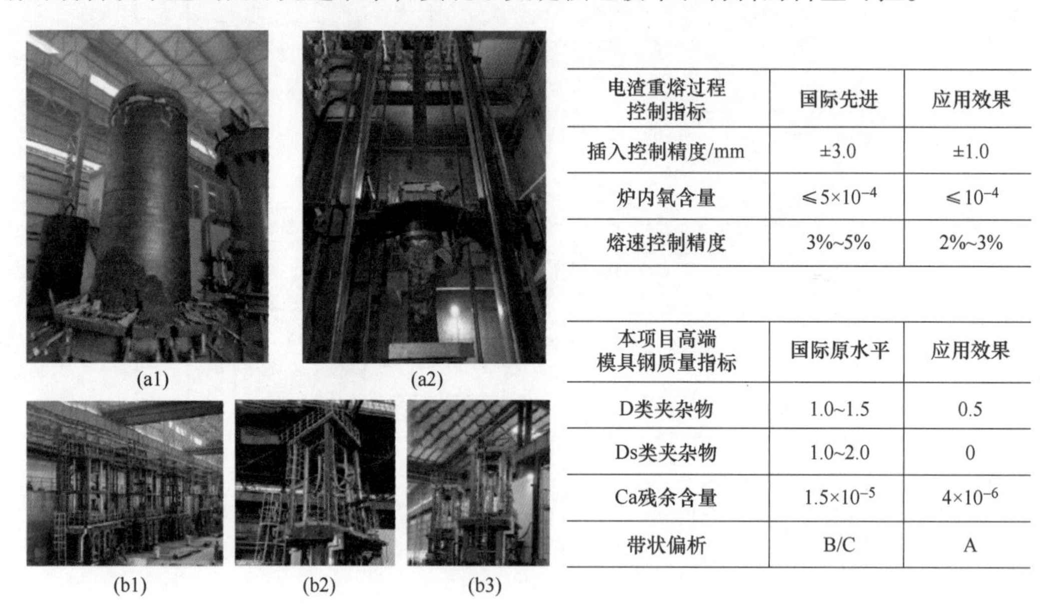

电渣重熔过程控制指标	国际先进	应用效果
插入控制精度/mm	±3.0	±1.0
炉内氧含量	$\leqslant5\times10^{-4}$	$\leqslant10^{-4}$
熔速控制精度	3%~5%	2%~3%

本项目高端模具钢质量指标	国际原水平	应用效果
D类夹杂物	1.0~1.5	0.5
Ds类夹杂物	1.0~2.0	0
Ca残余含量	1.5×10^{-5}	4×10^{-6}
带状偏析	B/C	A

图2 电渣重熔成套技术推广及应用效果

（a1）抚顺特钢冶炼的直径为1100 mm的高端热作模具钢电渣锭；（a2）河南国泰东工实现世界最长的10.4 m自耗电极的抽锭电渣重熔生产；（b1）~（b3）抚顺特钢、建龙北满特钢、天工国际建成的集成本项目关键技术的电渣重熔装备

4 结语

本项目集成了电渣重熔高端模具钢的理论、工艺与装备，形成了具有完全自主知识产权的成套技术，通过全链条应用基础研究和技术攻关工作，解决了国产高端模具钢存在的D/Ds类夹杂物超标和带状偏析严重的共性瓶颈难题，助力我国高端模具钢的制备技术达到国际先进水平。该项目技术成熟度高，取得的工程理论与关键技术突破在电渣重熔特殊钢领域具有普适性，成套技术可在电渣重熔特殊钢生产企业进行推广应用，推动国产高品质特殊钢质量水平的提升，满足我国高端装备制造业的材料急需。

田家龙　姜周华

高性能不锈钢微合金化技术开发与应用

1 研究背景

近年来，随着节能环保、海洋工程、石油化工、核电等重点领域高端装备制造业的迅猛发展，对高强韧和高耐蚀不锈钢材料的需求与日俱增。作为不锈钢“塔尖”产品的超级奥氏体和超级双相等高性能不锈钢具有优异的耐腐蚀性能、良好的综合力学性能和相对低廉的成本优势，已成为高端装备制造业最为经济适用的关键材料之一。然而，高性能不锈钢是不锈钢中技术水平要求最高、制造难度最大的品种。由于合金含量（Cr、Mo、N 等）远高于普通不锈钢，该类钢热变形抗力大、二次相析出敏感、高温热塑性差，热加工极易开裂。因此，提升热加工质量是保障该类钢成功生产与应用的关键。

尽管高性能不锈钢具有优异的耐腐蚀性能，但随着服役环境日益苛刻，这些不锈钢仍会发生腐蚀。非金属夹杂物是腐蚀的主要诱因之一，通常会造成“千里之堤，溃于蚁穴”的严重影响，在高温、高氯等极端苛刻的环境中，其危害尤为突出。对此，科研人员探索了很多方法以减轻夹杂物的危害，如深脱氧、深脱硫和改性处理等。然而，这些方法的效果有限，夹杂物或周围基体仍会发生腐蚀。因此，如何有效防止夹杂物引起的腐蚀失效，成为不锈钢材料腐蚀防护领域迫在眉睫的挑战。

我国高性能不锈钢研发起步较晚，产品质量与世界先进水平存在较大差距。在过去很长一段时间，我国该类产品全部依赖进口，价格昂贵、交货周期长，国产化需求十分迫切，成为制约高端装备制造业转型升级的“卡脖子”难题。因此，加强高性能不锈钢关键制备技术研发，探索显著提升该类材料服役性能的策略，对于提升我国不锈钢产业整体竞争力和支撑高端装备制造业快速发展具有重要战略意义。

2 主要创新成果

2.1 硼和稀土微合金化协同提升超级不锈钢热塑性关键技术

超级不锈钢中高含量 Cr、Mo 元素在热变形过程中易通过晶界周围位错向晶界扩散和偏聚，加速σ相析出，降低热塑性，同时，该类钢热变形激活能较高，热加工过程动态再结晶难度较大，导致严重的热加工开裂。众所周知，硼和稀土均是能改善热塑性的微合金化元素，但受以往“含氮不锈钢中添加硼会形成氮化硼，恶化热塑性”以及“稀土堵水口，无法连铸”等认知局限，人们往往不敢在高合金不锈钢中进行硼和稀土微合金处理。这也导致超级不锈钢热加工开裂的难题一直久攻不克，严重阻碍了该类钢的工业化进程。

本研究发现超级不锈钢的氮溶解度远高于普通不锈钢，添加微量硼（不大于0.006%）并不会引起氮化硼析出问题。同时，开发了“结晶器喂含稀土不锈钢带技术”，另辟蹊径，攻克了稀土堵水口难题，实现了稀土的稳定和均匀加入。基于此，本研究创新性提出“硼和稀土微合金化协同提升超级不锈钢热塑性”的新思路（见图1）。针对在低温端（950～1050 ℃）热变形时，二次相析出敏感性强，易产生晶间有害相导致开裂的问题，经第一性原理计算和实验研究，发现硼具有很强的非平衡偏聚效应，会先于Cr、Mo快速偏聚至晶界/相界，形成高扩散势垒，抑制热变形过程Cr、Mo向晶界/相界偏聚，即切断了有害金属间相形核与生长所需的Cr、Mo元素供给，从而显著抑制了晶间σ相等二次相的形成，析出相尺寸减小约25%，低温开裂倾向显著减轻。同时，硼晶界偏聚还会促进动态再结晶形核并抑制其生长，从而改善了低温端（950～1050 ℃）的热塑性。针对在高温端（1100～1250 ℃）热变形时，变形抗力大、再结晶难度大等问题，通过添加微量稀土铈解决。一方面，显著细化初始组织，为热变形过程中不连续动态再结晶提供充分的形核位点（晶界/相界，增加了15%～20%）；另一方面，通过降低层错能，促进热变形过程中位错的交割，加速晶内连续动态再结晶的发生。铈对不连续/连续动态再结晶的双重促进作用，显著降低了再结晶难度，动态再结晶晶粒占比提升了20%～30%，加速了热变形过程中的软化行为，从而大幅提升了高温端（1100～1250 ℃）的热塑性。基于此，将微量硼和稀土协同处理，优势互补，优化获得了显著提升全温度段热塑性的最佳硼含量范围（0.002%～0.004%）和最佳稀土铈含量范围（0.01%～0.02%），形成了“硼和稀土协同微合金化改善热塑性”的新方法，将热加工窗口向低温端拓宽约50 ℃，有效解决了超级不锈钢热加工严重开裂难题。

2.2 “利用铌铠甲包裹夹杂物”显著提升双相不锈钢耐蚀性新思想

在极端苛刻的服役环境中，非金属夹杂物常会诱导不锈钢腐蚀失效，目前尚无有效的防治策略。对此，本研究独辟蹊径，打破了传统“依靠洁净度控制和改性处理减轻夹杂物危害”的思维局限，创新提出“利用耐蚀铌铠甲（Z相）包裹有害夹杂物以显著提高双相不锈钢耐蚀性”的策略（见图2）。该策略巧妙运用了微合金化和异质形

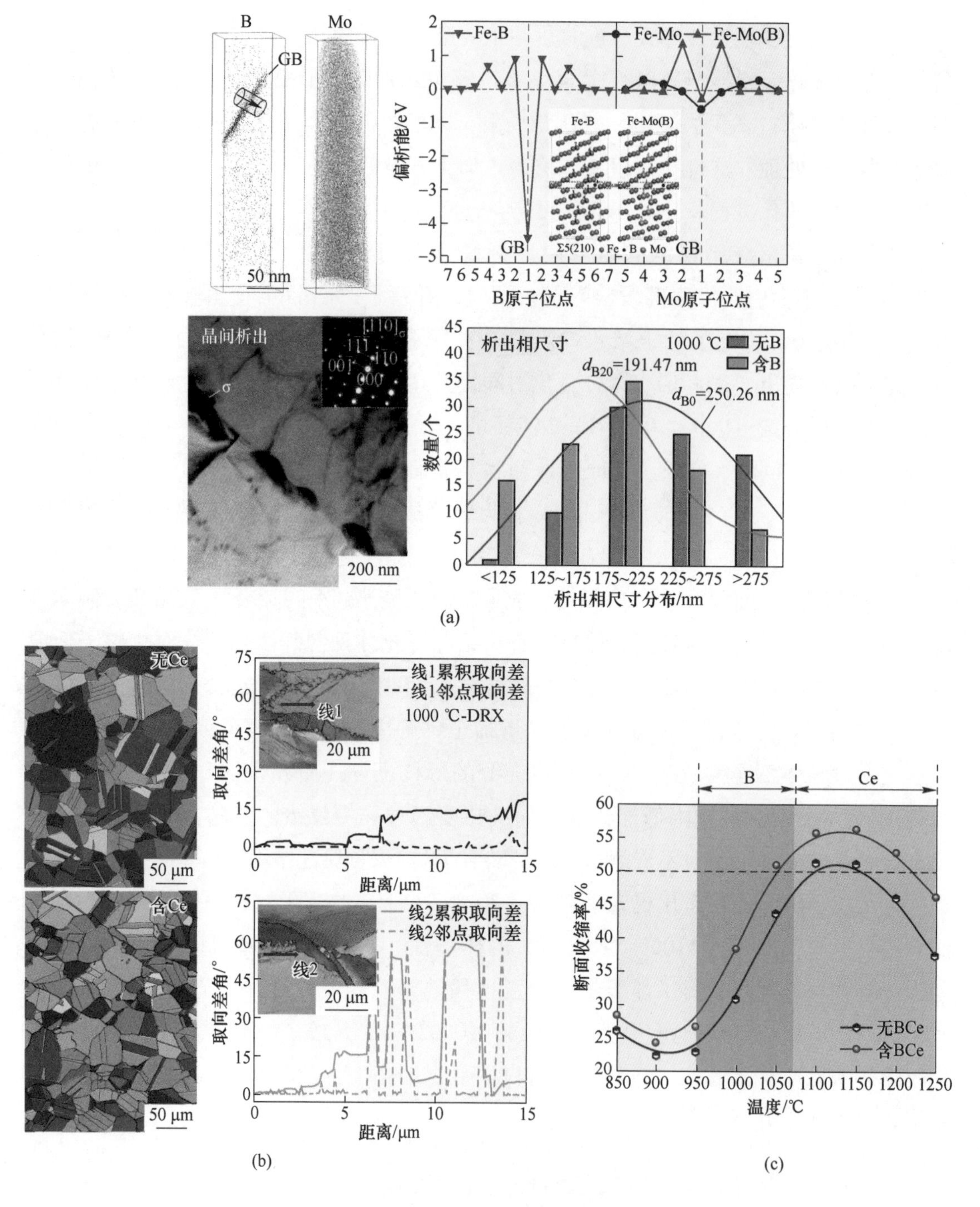

图1　硼改善热塑性机制（a）、铈改善热塑性机制（b）和硼铈复合处理协同改善全温度段热塑性（c）

核原理，实现了两个关键目标控制。

一是含铌Z相有效包裹夹杂物。首先，从常用微合金元素（Ti、V和Nb）中筛选

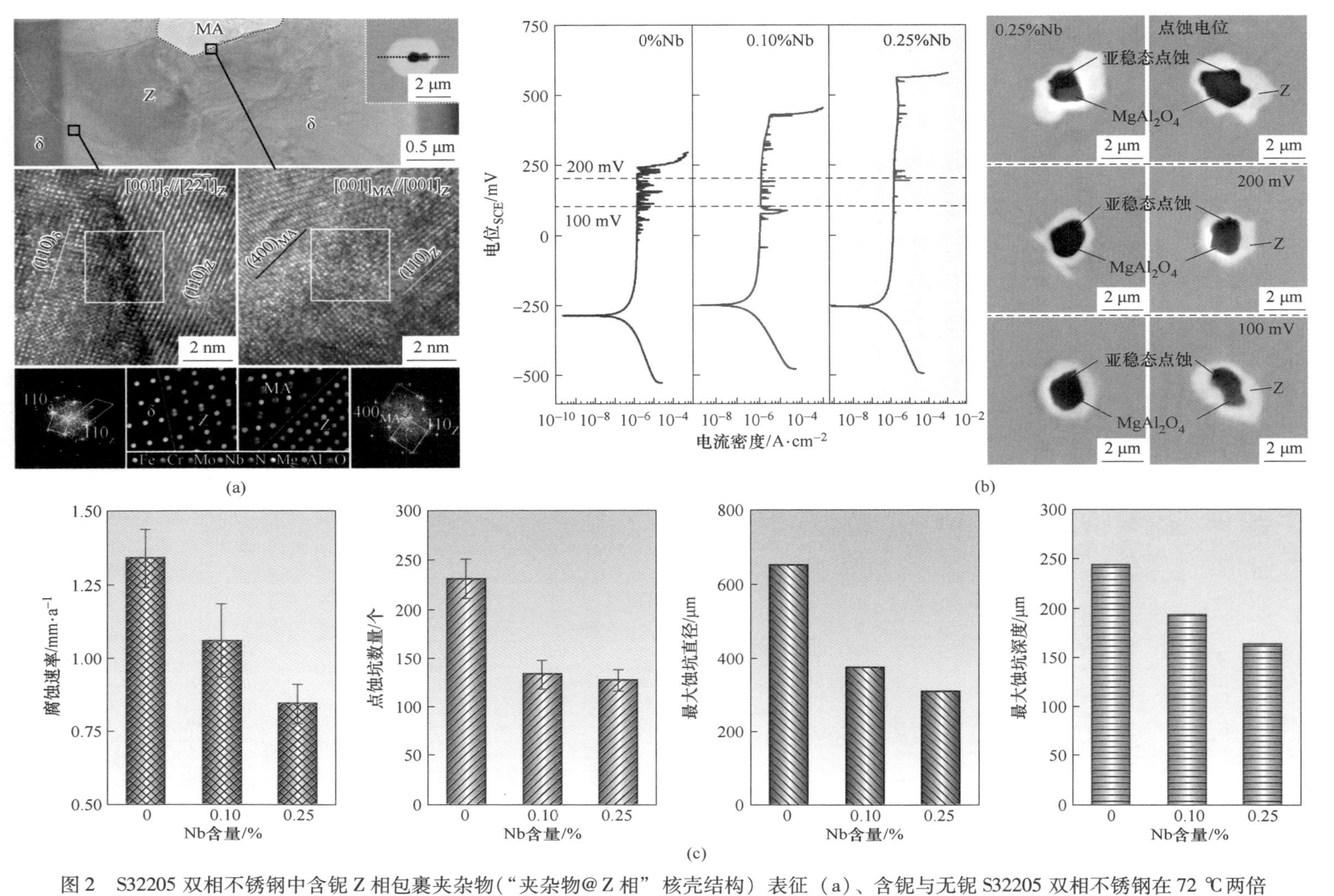

图 2　S32205 双相不锈钢中含铌 Z 相包裹夹杂物（“夹杂物@Z 相” 核壳结构）表征（a）、含铌与无铌 S32205 双相不锈钢在 72 ℃两倍浓度海水（b）和 50 ℃ 6% $FeCl_3$ 溶液（c）中耐腐蚀性能对比

出 Nb 作为理想元素。以 2205 双相不锈钢为例进行了铌微合金化设计，结果表明，添加 0.25% Nb，钢中会析出含铌 Z 相，其形成温度低于传统夹杂物 $MgAl_2O_4$ 和 MnS 的形成温度，且 Z 相与两类夹杂物的二维错配度低于临界值 6%，说明含铌 Z 相与夹杂物间异质形核有效性很高。其次，利用简单常规的制备路线促使含铌 Z 相在夹杂物周围异质形核，形成“夹杂物@Z 相”核壳结构，将夹杂物包裹起来，使其与腐蚀性环境隔绝。在实际铸造过程中，铸锭中优先形成了“夹杂物@(Cr,Nb)N”核壳结构。热加工前，铸锭在 1180 ℃经历了 1 h 均质化处理，此时，含铌相周围基体中的 Cr、Mo 元素不断置换相中的 Nb 元素，因此，(Cr，Nb)N 逐渐向 Z 相转变，从而形成了“夹杂物@Z 相”核壳结构。在随后的热加工和热处理过程中，形变诱导析出和等温时效效应均会促进更多的“夹杂物@Z 相”核壳结构形成，从而实现了利用铌铠甲（Z 相）将夹杂物有效包裹起来。

二是 Z 相和其周围基体具有良好的耐蚀性。首先，保证了 Z 相本身具有高耐蚀性。Z 相的主要成分为约 52% Nb-27% Cr-7% Mo-9% N，是一种高耐蚀析出相。其次，保证了 Z 相周围基体未发生严重贫化，依然具有良好的耐蚀性。Z 相中 Cr 含量与基体相当，其形成不会诱发贫 Cr 区。虽然 Z 相周围基体出现了轻微的贫 Mo 和贫 N，但该区域的 Cr、Mo、N 含量仍然较高，依然具有良好的耐腐蚀性能。同时，Z 相与基体间电势差很小，避免了电偶腐蚀。此外，Z 相与基体的硬度和杨氏模量相当，说明两者能够协调变形，因此，在相界面处无微缝隙形成，避免了微缝隙腐蚀。在 72 ℃两倍浓度海水中的电化学腐蚀和 50 ℃ 6% $FeCl_3$ 溶液中的浸泡腐蚀结果表明，铌微合金化后，2205 双相不锈钢的点蚀电位提高了一倍，腐蚀速率、点蚀坑数量、最大蚀坑直径和深度均明显降低，材料的整体耐腐蚀性能显著提升。

本研究攻克了“夹杂物引起腐蚀失效”这一久攻不克的顽疾，在系列双相不锈钢（S32101、S32304、S32205、S32507、S32707）中具有很强的普适性，为不锈钢材料腐蚀防护提供了新思路，对保障高端装备长寿命和安全稳定运行具有重要意义。相关研究成果“利用铌铠甲包裹夹杂物提升双相不锈钢耐蚀性设计”发表于《自然·通讯》。

3　应用情况与效果

“硼和稀土微合金化协同提升超级不锈钢热塑性关键技术”已在太钢、抚钢、盛特隆等单位推广应用，有效解决了该类钢热加工开裂的难题，彻底移除了阻碍工业化生产和应用的绊脚石，保障了系列超级奥氏体不锈钢 904L、S31254 等和超级双相不锈钢 S32750、S32760 等品种稳定生产，实现了生产规模化、产品系列化和规格多样化，产品质量达到国际先进水平，广泛应用于石油化工、节能环保、海洋工程、核电等领域，摆脱了我国“超级不锈钢”短缺的窘境。

“利用铌铠甲包裹夹杂物”显著提升双相不锈钢耐蚀性的新思想已在太钢和下游单位推广应用，有效提升了系列双相不锈钢 S32101、S32304、S32205、S32507 等产品的耐腐蚀性能，保障了在天然气输送管线、化学品运输船、核电海水泵、海水淡化或烟气脱硫换热器管、烟气脱硫塔等领域服役的高端装备的长寿命和安全稳定运行。

张树才　姜周华

高性能特殊钢棒线材夹杂物及组织控制技术与应用

1　项目背景

以弹簧钢、轴承钢、齿轮钢为代表的特殊钢棒线材是机械制造产业的重要基础件用材，量大面广，对我国高端装备、新能源汽车、高铁和武器装备等领域的发展起到重要支撑作用。进入新时代以来，我国炼钢技术水平取得了长足的进步，但在一些特殊钢的洁净度控制上仍然落后于发达国家，在一定程度上削弱了特殊钢棒线材的服役性能，成为国产基础件发展的瓶颈问题。

本项目依托东北大学2011钢铁共性技术协同创新中心由特殊钢冶金工艺与装备技术团队的李阳教授牵头完成，主要成员包括龚伟副教授及孙萌等20多名博士和硕士研究生。针对高等级特殊钢棒线材洁净度差引起性能下降的现状，结合生产线中的实际问题，团队开展了以轴承钢、齿轮钢、曲轴钢、弹簧钢等典型钢种为研究对象的合金成分优化设计和强化机理、硅锰脱氧钢中塑性夹杂物的精准控制理论和工艺、铝镇静钢中B类、Ds类夹杂物控制理论和工艺、含硫钢硫化物形态控制理论与工艺等关键共性技术研究。相关研究成果累计发表SCI论文30余篇，授权发明专利12件，获冶金科学技术奖2项，辽宁省科学技术进步奖1项。

2　研究进展

2.1　高强度悬架弹簧钢制备技术研发

在国家重点研发计划和国家自然科学基金的资助下，团队针对悬架弹簧钢55SiCr洁净度控制和组织性能调控等方面开展了一系列研究，最终实现悬架弹簧钢抗拉强度超过2400 MPa，相关创新冶炼工艺已在国内多条弹簧钢产线上实现应用，研究的总体思路如图1所示。

在弹簧钢的洁净度控制上，我国的悬架弹簧钢通常以脱氧能力相对较弱的Si和Mn控制钢水的全氧含量，熔渣/耐火材料/钢液/夹杂物之间的多相反应对夹杂物成分

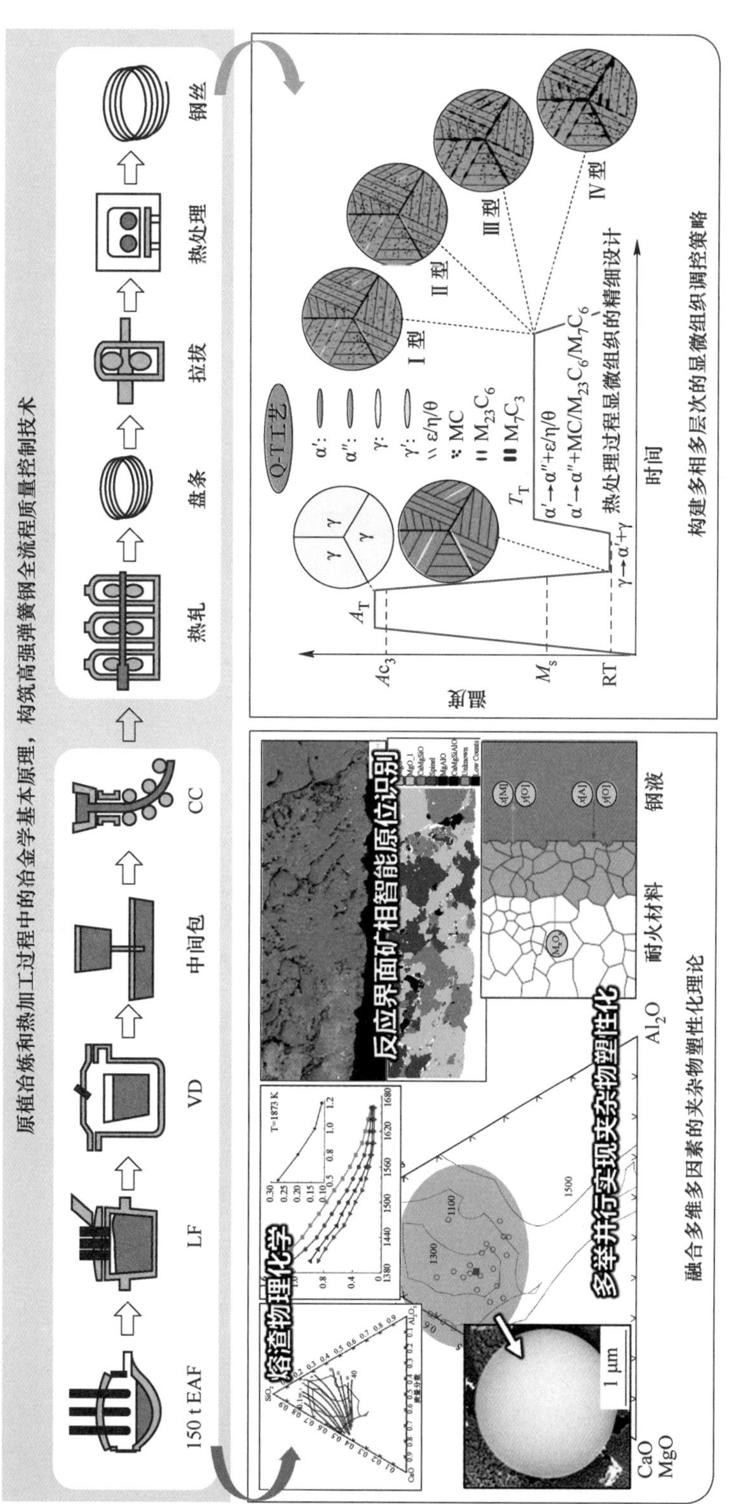

图1 高强度悬架弹簧钢制备技术研发的总体思路

的变化有着深刻的影响。提高熔渣吸收夹杂物的能力，使夹杂物成分处于低熔点区偏移；对耐火材料与钢液接触时的损毁机制的理解和认识，以及夹杂物引起弹簧钢失效断裂机理是其主要科学问题。

在这一背景下，本项目把熔渣成分设计和耐火材料材质对低熔点夹杂物形成的影响作用作为研究重点，通过钢液-夹杂物平衡热力学指导渣系设计，结合实验提出了渣系成分合理范围，探究了不同材质耐火材料对硅锰脱氧钢洁净度的影响，在研究中创新性引入了矿相智能原位分析软件，在深入剖析耐火材料/钢液反应界面的基础上，揭示了不同材质耐火材料对钢液洁净度的影响机制。

值得一提的是，本项目还提出了一种适用于严苛钢水洁净度要求的新型渣系设计理论，其核心思路是通过碱金属元素离子对熔渣结构的优化，使渣系具有良好的流动性，改善吸收夹杂物的能力，从而大幅度提高钢水的洁净度。这一渣系体系已经被证明可以提高超细切割钢丝的洁净度，目前团队正在研究其对弹簧钢中夹杂物的影响作用。

另外，在洁净度控制工艺优化的基础上，本项目对热处理过程弹簧钢的组织性能调控进行系统研究。在研究中首先探究了传统淬火-回火工艺对悬架弹簧钢组织性能的影响规律，发现在淬火-回火过程中，热处理温度比热处理时间对弹簧钢组织性能的调控效率更高；而相比于淬火制度，弹簧钢组织和性能对回火制度的变化更加敏感。基于对显微组织多尺度表征及力学性能的剖析，最后提出 920 ℃保温 10 min 后淬火，而后 375 ℃回火 5 min 的工艺制度，可以实现弹簧钢抗拉强度达到（2417 ± 13）MPa，屈服强度达到（2031 ± 21）MPa，断面收缩率均在 40% 之上。

本项目更进一步探究了等温淬火、淬火-配分工艺在弹簧钢热处理中的应用。研究发现等温淬火弹簧钢具有优异的韧性和塑性，特别是有很高的断面收缩率，但弹性极限低于淬火-回火工艺弹簧钢，抗拉强度达 2.2 GPa 级，屈服强度达 1.8 GPa 级。淬火-配分工艺可制备超高弹性高屈强比弹簧钢，也可制备超高强度高塑性弹簧钢。

2.2 超高洁净轴承钢夹杂物与碳化物控制基础研究及应用

轴承钢被誉为“钢中之王”，服役条件严苛，冶金质量要求高。目前我国大多数企业生产的高碳铬轴承钢质量，特别是非金属夹杂物和网状碳化物控制与国际先进水平仍有差距。

Ca 和 Ti 的控制是超高洁净轴承钢制备中的重要问题，钢中钙元素过多会导致以铝酸钙为主的 Ds 类夹杂物增加，而钛元素易在冶炼和浇注过程形成高熔点、脆硬性的 TiN 夹杂物，两者皆会对轴承钢的疲劳寿命构成挑战。通过 GCr15 轴承钢精炼渣系调整、控制软吹时间和原材料质量控制等工艺优化，实现轴承钢中钙含量由工艺改进前

的 $10\times10^{-4}\%$ 降低到 $5\times10^{-4}\%$，钛含量由工艺改进前的 $20\times10^{-4}\%$ 降低到 $12\times10^{-4}\%$ 以下，钢中大尺寸脆硬夹杂物显著减少，成品轴承冶金质量得到显著提升。

团队系统探究了镁与铈处理对 AISI 440C 轴承钢中夹杂物和碳化物控制的优化作用，如图 2 所示。在实施镁处理的过程中，将自主发展的加压冶金技术应用到了冶炼过程，显著提高了镁在钢中的收得率，极大地提高了钢水的洁净度，实现钢水全氧含量最低脱至 0.0003%，夹杂物被变性为具有良好分散特征的小尺寸氧化镁夹杂。这些弥散分布的小尺寸夹杂的存在意义不仅仅在于避免大尺寸夹杂的危害，还在凝固过程中发挥了对碳化物析出的阻断作用，最终实现了钢材抗拉强度和冲击功的显著改善。

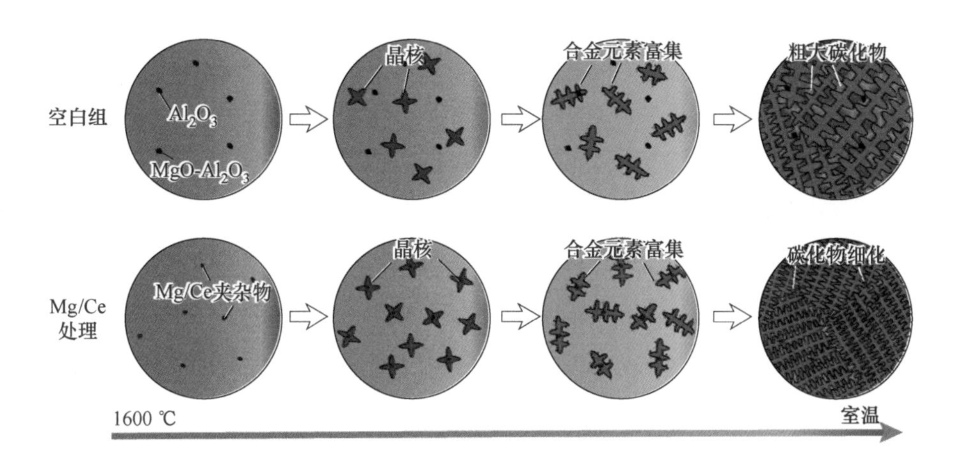

图 2　镁与稀土夹杂物实现轴承钢碳化物细化的机理

铈处理同样可以实现钢液深脱氧和碳化物分布优化，通过理论和实验相结合，分析了不同处理强度下几类含铈夹杂物之间的转化关系及其同基体相的形核关系，结果发现铈处理同样可以实现钢水全氧脱至 0.0003%，同时含铈夹杂物的形成可以显著促进晶粒的细化，并进一步改善了晶界碳化物的宏观分布，最终实现钢材的冲击性能大幅度提高。

2.3　汽车齿轮钢和曲轴钢夹杂物形态构型的精准设计

为了改善切削成形过程中的刀具磨损和提高加工效率，汽车齿轮钢和曲轴钢在冶炼过程中会向钢液喂入一定含量的硫，使钢材在凝固冷却过程中形成弥散分布的 MnS。MnS 具有容易在外力作用下变形的特点，通常会在热轧过程沿轧制方向变形为大尺寸长条状，这不仅会引起材料力学性能的各向异性，也限制了其改善切削性能的效果。如何使钢中 MnS 在轧制后保持细小、均匀、弥散的分布，需要针对凝固过程钢中第二相的形核与变形问题开展深入研究，是特殊钢棒线材制备中的一类具有鲜明特色的冶金学问题。

我们借鉴了前人的研究思路，设计了外加特殊元素氧化物和外加特殊元素两条技术路线，系统研究了镧处理、硒处理、碲处理以及外加氧化物粒子对钢中硫化物形态的影响机理，分析了镧在钢液中的赋存特点，揭示了不同种类含镧硫化物的形态，表征了 MnS、含镧硫化物和 MnSe-MnS 的变形能力，探究了氧化物/硫化物/铁素体的形核关系，比较了表面活性元素碲和硒对硫化物形态影响机制的差异。研究成果丰富和发展了钢中夹杂物形态与种类控制理论，为下一步工业应用建立了理论基础。

3　产业化应用

基于前期理论研究，团队与相关企业合作建成一条高强弹簧钢生产示范线，实现了脆性夹杂物不大于 15 μm，钢横截面显微硬度波动不大于 60 HV，全脱碳层为 0，使用寿命提高 50%，2100 MPa 级高档弹簧钢可以向市场持续稳定供货。目前，该项目成果正在国内多家钢厂推广应用。与东北特钢合作，针对汽车油泵用 AISI 431 棒材大尺寸夹杂物探伤不合问题，对过去多年的生产数据进行回溯和分析，开展了多轮工业试验，基于现场跟班采集到的实际问题，通过修订现场夹杂物的控制策略，实现了钢材洁净度的大幅度提高。在炉外精炼过程上，提出了高夹杂物吸附能力的精炼渣系成分范围，通过优化软吹时间实现了夹杂物的有效去除，剖析了 RH 真空处理过程中夹杂物转变的热力学与动力学。结合东北特钢模铸工艺与装备的实际情况，制定了防止氧化、减少保护渣卷入的工艺要点，实现了对卷渣现象和二次氧化的良好控制。该项技术实现了 AISI 431 棒材夹杂物按 K 值评定法检验合格，超声波探伤检验综合合格率不小于 95%，下游用户生产的高压油泵部件上“发纹”长度和发现率达到国外实物水平，有力保障了产品的持续稳定供货。该项目通过 2023 年沙钢集团技术创新成果奖一等奖初评。

李　阳

先进热轧工艺、装备及产品

方向首席：刘振宇

高强高韧钢铁材料复合氧化物冶金关键共性技术创新与应用

随着国家钢铁产业结构优化和制造业高端绿色化需求增长，中厚板产品成为国民经济发展的重要原材料，不断向高强韧、厚规格、易焊接、免预热、耐腐蚀等高附加值的方向发展，广泛应用于船舶海工、工程机械、交通运输、能源环保、国防军工等领域。氧化物冶金工艺（Oxide Metallurgy）作为冶金、材料领域的一种关键共性技术，在钢铁冶炼过程中可以形成尺寸细小、弥散分布、成分可控的氧化夹杂物，从而改性传统夹杂物属性，成为组织晶界钉扎和相变异质形核质点，变害为利，使钢材具有优异的韧性和抗硫化氢腐蚀能力，尤其能够显著提升焊接性能。

自 2012 年，南京钢铁股份有限公司联合东北大学和上海大学依托“十三五”国家重点研发项目等国家级项目，开展“产学研用”合作，系统研发了以氧化物冶金为核心的共性技术，全面提升中厚板焊接性、耐酸腐蚀性、低温韧性等关键性能，建立了高强高韧钢铁材料复合氧化物冶金工艺体系，形成了复合氧化夹杂物成分一体化工业控制技术。该技术在超高热输入船舶海工钢 EH40、高强韧管线钢 X80、抗酸管线钢 X70MS、高强免预热工程机械用钢 Q690D 等系列产品上实现了推广应用。项目整体工艺思路和方案如图 1 所示，主要研究内容和成果如下所述。

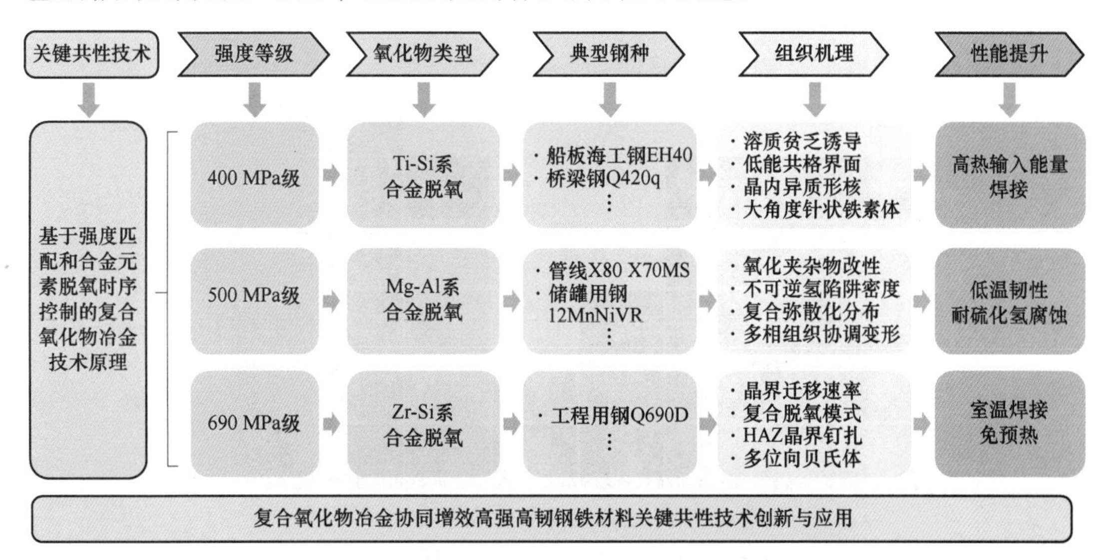

图 1　基于强度匹配的项目整体工艺架构图

1　基于强度匹配和合金元素脱氧时序控制的复合氧化物冶金技术原理

本项目研究了氧、氮化物在冶炼过程中析出的热力学、动力学条件，揭示了微细氧化夹杂物的复合球化析出行为和形成规律。针对不同钢种性能需求实现个性定制化的复合氧化夹杂物粒子设计和控制，明确了特定氧势条件下 Ti、Ca、Mg、Al、Zr、Re、B 等元素添加时序性，阐明了夹杂物微细化、复合化、球状化、弥散化控制的关键共性技术原理，开发转炉冶炼、LF 精炼、RH 精炼和连铸全流程一体化氧化物冶金控制技术，实现具有高温热稳定性的复合氧化夹杂物粒子在钢中基体细小弥散分布，其中小于 2 μm 尺寸比例大于 90%。

通过对冶炼过程中的 LF 精炼前、LF 精炼阶段、RH 精炼阶段等节点处的钢水取样，研究了复合氧化夹杂物的数量密度、尺寸和成分的演变规律，以及不同取样阶段生成的复合氧化夹杂物对 AF 形核的影响。结果表明：LF 精炼前夹杂物为大尺寸链状 Al_2O_3 和小尺寸 MnS；随着在 LF 精炼阶段 Ti、Al、Mg、Ca 脱氧元素的加入，夹杂物的核心逐渐变为 Al_2O_3、Al-Ti-O、Al-Ti-Mg-O、Al-Ti-Mg-Ca-O，外层包裹少量 MnS；RH 精炼后，夹杂物的核心变为 Al-Mg-Ca-O，外层富集少量 Ti-O-N 和 Al-Mg-O。LF 精炼过程中与 RH 精炼后生成的夹杂物均能有效诱导针状铁素体形核。不同取样阶段典型夹杂物的形貌特征如图 2 所示。

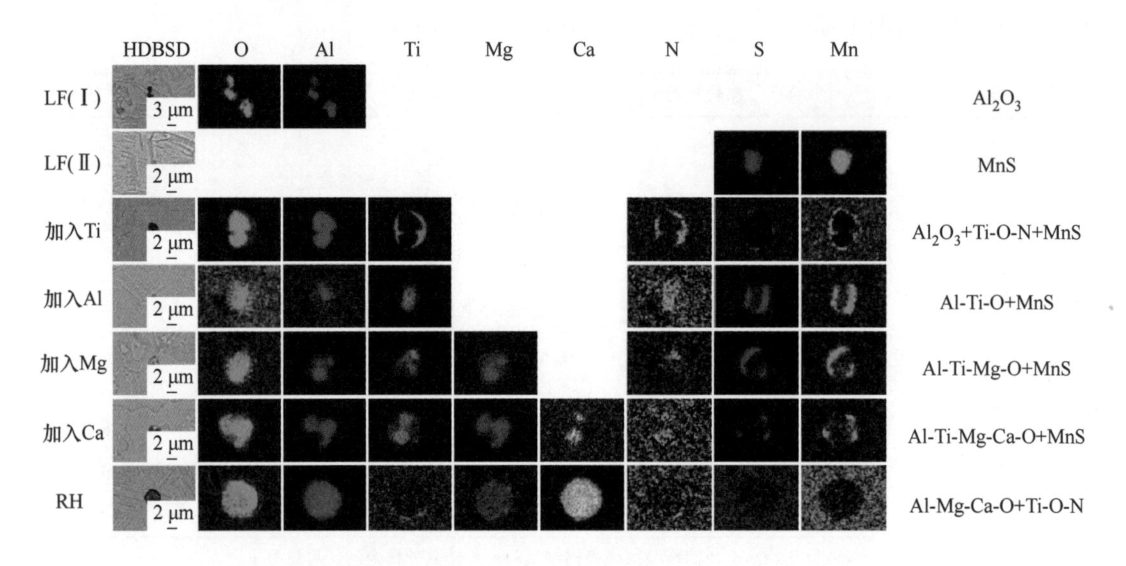

图 2　形成合金元素脱氧时序控制的复合氧化夹杂物冶金工艺

2 亚微米尺寸大基数复相氧化物诱导异质形核的耐大热输入焊接技术

在船舶、海洋平台等大型装备制造过程中，焊接工序占总工作量的30%以上，占制造成本的15%以上，因此，如何在焊接工序中提升焊接效率，降低焊接成本已经成为船舶与海洋平台装备制备的关键。目前，我国应用的常规海工钢及船板钢，其评价焊接热输入的指标多限定在50 kJ/cm以内。焊接热输入大于50 kJ/cm被称为高热输入焊接。但常规钢板在较高热输入下焊接时，由于焊接热输入的增大，焊接热影响区的高温停留时间变长，奥氏体晶粒严重粗化，并且由于焊后冷却速度缓慢，在焊接热影响区容易形成粗大的侧板条铁素体、魏氏组织、上贝氏体等组织，M-A岛数量增加且粗大，使焊接热影响区强度和韧性显著下降，并容易产生裂纹等缺陷，焊接热影响区往往成为钢板服役过程中最薄弱的环节，影响整体结构件的安全使用性能，导致其不能满足服役要求，甚至在服役过程中发生恶性事故。

本项目针对有高热输入焊接需求的钢种，形成以MgO-Al_2O_3为核心外层包裹TiO_2-MnS-CaO-TiN的典型复合氧化夹杂物体系，明确典型复合氧化夹杂物与AF间的晶体学关系以及夹杂物周围奥氏体稳定元素的溶质分布状态，揭示溶质贫乏及低能共格界面诱导晶内异质形核机理，掌握亚微米尺寸大基数复合氧化夹杂物诱导生成具有大角度晶体取向的细密状针状铁素体的控制方法。解决低碳高强钢HAZ在大线能量条件下发生组织粗化、韧性恶化的核心难题。成功开发出船舶海洋工程用超高热输入焊接钢板EH40-W700，产品厚度80 mm，交货状态为TMCP态，屈服强度不小于400 MPa，抗拉强度不小于520 MPa，厚度1/4处－40 ℃低温韧性不小于300 J，断后伸长率不小于22%，Z向断面收缩率达到60%以上；钢板在700 kJ/cm超高热输入条件下，焊接接头热影响区－40 ℃低温韧性不小于60 J，焊接接头弯曲试样无肉眼可见裂纹，K型坡口直边－10 ℃时焊接接头热影响区CTOD值不小于0.35 mm、CTOD均值不小于0.50 mm，提升焊接效率至8倍以上。

3 基于调控裂纹源质点和不可逆氢陷阱密度的高韧耐蚀材料研发工艺

伴随油气管道建设的快速发展，X80管线钢得到大规模应用。我国X80管材生产及管道建设技术进入国际领跑者行列，有力支撑了西气东输、中俄东线等重大管道工程建设。为了保证管线钢良好的低温韧性和抗层状撕裂性能，对钢板中的非金属夹杂物，特别是可沿钢板轧制方向延伸变形的夹杂物控制有严格要求，否则会直接影响输送管线工程的安全性。同时，钢中 A 类和 B 类夹杂物对钢板的耐硫化氢腐蚀性能也具有显著的消极作用，是引发氢致开裂的重要原因，夹杂物周围及位错线上尤其容易积聚更多的氢原子形成氢分子，进而产生应力集中从而导致氢致裂纹。

针对高强韧和耐蚀管线钢，本项目改性钢中传统 CaO-Al_2O_3 夹杂物，实现微米级 MgO-CaO-Al_2O_3 和 MgO-Al_2O_3 等氧化夹杂物复合弥散化分布，减少因大尺寸硬脆类夹杂物导致的裂纹源产生，结合 TMCP 工艺控制多相组织比例协调加工变形能力，具有小尺寸铁素体晶粒和大角度晶界占比的基体组织为裂纹扩展提供有效的阻碍作用。阐明通过夹杂物改性提高不可逆氢陷阱密度、改善钢材耐硫化氢腐蚀性能机理，提升耐硫化氢腐蚀性能和延迟断裂性能。解决管线钢在大变形条件下韧性不足、在服役过程中耐腐蚀性能不足的问题。管线钢 X80 产品厚度 30.8 mm，-60 ℃低温冲击功不小于 330 J，-20 ℃下 DWTT 剪切面积不小于 90%，焊接热影响区冲击韧脆转折温度由 -20 ℃ 降低至 -60 ℃以下，钢板探伤合格率为 99.2% 以上，夹杂物 1.0 级合格率为 93.5% 以上；研发的 X70MS 钢在氢致开裂实验中裂纹长度率、裂纹厚度率和裂纹敏感率均为 0，抗硫化氢腐蚀能力优异。

4 基于延缓高温晶界迁移和诱发多位相贝氏体相变的高强免预热技术

为了提高结构用钢的强度，往往向钢中添加较多的 Ni、Cu、Cr、Mo 等合金元素，这使得高强钢的淬硬倾向较大，如高强钢 Q690D。由于其强度级别高，合金元素含量高，焊接性较差，因此一般需要加热到 100 ℃对工件进行预热再进行焊接，以此来降低冷裂纹的产生。而为提高焊接效率、降低能耗、改善劳动条件，下游用户期望在 Q690D 应用时可实现免预热焊接。

本项目针对高强免预热易焊接钢 Q690D，采用高合金比例低碳当量的成分体系设计，利用 Zr 包芯线冶炼形成 ZrO-MgO-Al_2O_3 复合氧化夹杂物，并结合 TMCP 特种工艺形成全板厚组织均匀化控制。明确微细复合氧化夹杂物在高温下降低奥氏体晶界迁移速率、延缓奥氏体晶粒长大机制，结合异质形核作用在 HAZ 中形成具备大角度晶界的多位向贝氏体组织，抑制裂纹扩展，满足焊接强韧性需求，解决高强钢韧性不足、焊前预热的难题。产品厚度 40 mm，屈服强度不小于 690 MPa，抗拉强度 770 ~ 940 MPa，断后伸长率不小于 14%，-60 ℃低温冲击功不小于 100 J；在 50 kJ/cm 超高热输入条件下，焊接接头热影响区 -20 ℃低温韧性不小于 47 J；室温 10 ℃及以上无预热环境下裂纹开裂率为 0%。

经中国钢铁工业协会组织，由中国工程院干勇院士、王国栋院士等同行专家评价委员会认定，本项目成果整体达到国际领先水平。本项目获授权发明专利16件，主持和参与制订国家/行业/团体标准8项，发表论文12篇。80 mm高热输入焊接钢EH40-W600产品首次成功应用于16000TEU集装箱船，高强管线钢应用于我国首条建设的超大口径X80高钢级高压力等级的中俄东线天然气管道工程，60 mm高强度Q690D钢板在国内首次通过室温10 ℃以上免预热焊接工艺。近三年基于氧化物冶金技术的高品质特种钢板累计供货62.03万吨，新增销售收入38.49亿元，新增利税3.36亿元，新增利润2.23亿元，经济、社会和环保效益显著，推广应用前景广阔。

吴俊平　王丙兴　李恒坤　王　斌　闫强军　付建勋

热轧生成式工业大模型结构与功能概述

1 引言

钢铁是保障国民经济与重大工程及重大装备建设的关键原材料，其中95%以上需经过热轧工序才能成材。因此，热轧不仅是钢铁生产的核心工序，而且热轧钢材的质量也是反映国家钢铁工业整体水平的标志。钢铁产品的质量核心包括：钢材的尺寸形状、内部组织结构、宏观力学性能及表面质量。综合提高钢铁产品质量水平，一直是钢铁领域的世界性难题。

钢材热轧过程中，轧件内部组织结构演变、表面氧化行为与轧制力能负荷之间相互影响、相互作用。组织结构演变影响轧件流变应力进而决定轧制负荷；同时，轧件表面氧化过程决定轧件与轧辊之间摩擦系数，从而对轧制负荷产生影响。然而，上述交互作用过程均无法在线检测，属于典型的黑箱过程。由此可见，热轧过程是一个“牵一发而动全身”的复杂非线性黑箱系统。一百多年以来，研究人员基于塑性力学理论提出以均匀变形为基础的轧制力计算模型，但未考虑显微组织演变对钢材软化及硬化行为的影响，制约了轧制力的计算精度。20世纪70年代，众多研究者基于模拟实验建立了热变形过程显微组织演变模型，但由于实验条件与热轧生产过程的高速化和连续化相差甚远，模型计算结果与实际生产过程存在较大差距。近七十年，国内外学者基于大量实验和高温氧化理论开发了氧化铁皮厚度与结构的经验预测模型，但由于热轧流程长、钢中合金元素间交互氧化复杂，模型精度不高。综上所述，传统建模方法多采用实验为主的机理模型，且均为轧制载荷、组织性能和表面质量彼此独立进行，各自求解的边界条件只能进行简化与假设，不能针对这些密切相关问题进行全局分析，从而割裂了各个目标间的联系，导致解析结果无法真实反映热轧过程而与生产实际偏离较大，如图1所示。这种现状，已成为困扰我国钢铁产品质量提升的长期痼疾。如何才能有效解决这一难题，答案是：必须在热轧生产中，首先将强耦合黑箱过程精准透视出来，进而实现过程精准控制，最终达到提升热轧产品综合质量的目的。

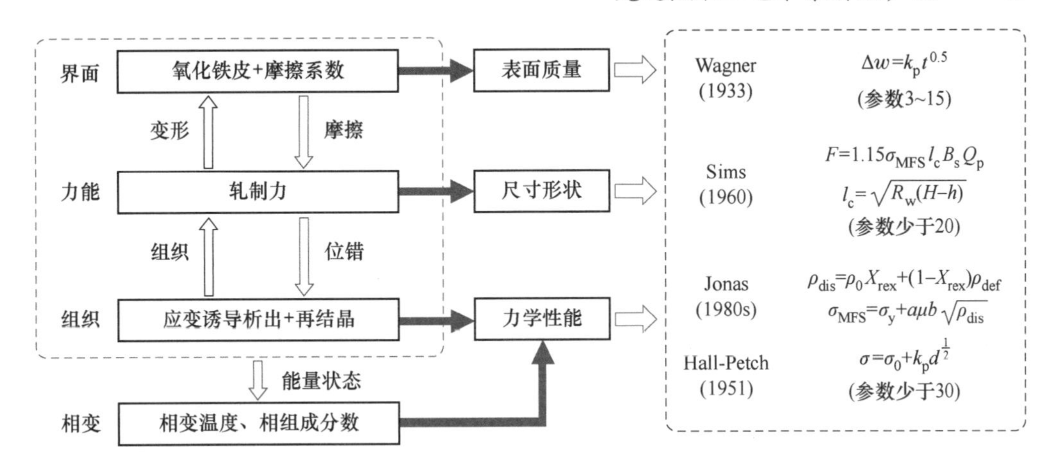

图 1　热轧强耦合“黑箱”系统及与之相对应的传统解析方法

（模型参数数量均在 100 之内）

2　生成式工业大模型研究现状

人工智能（AI）理论与方法是实现复杂过程数字孪生的唯一途径。目前，AI 技术在各行各业的应用实现了突飞猛进的增长。但是，传统 AI 只能根据输入的数据进行处理与分类，很难扩展到训练数据之外的应用场景。近年来，生成式 AI（Generative AI-GAI）以数据以及从数据中提取的知识作为输入，通过机器学习建立起相关大模型（Foundation Model），进而真实还原并生成全新、原创的产品或任务，从而带动了人工智能领域的范式转换。其作用堪比工业革命，将带动各行业工作效率的极大提升。然而到目前为止，GAI 主要以海量商业数据为输入建立相关关系，应用于智能客服等领域，在工业生产特别是材料流程工业生产领域尚未开展相关方面研究。

大模型作为 GAI 的核心，它的建立需要重点考虑 3 个方面内容：（1）可训练性，即应用场景的数据资源；（2）可解释性，需要以物理知识牵引；（3）鲁棒性，要求模型具有数据可扩展性并符合物理规律。热轧过程作为钢铁生产核心流程，其内部组织结构演变与界面状态变化纷繁复杂，如何基于工业数据开发生成式工业大模型已成为一个需要探索的全新研究领域。为此，项目团队在深入挖掘热轧工业数据基础上，将轧制工艺学与物理冶金学实验数据通过 AI 算法融入热轧生成式大模型开发之中，精准再现了各种实际生产条件下热轧过程中不同物理现象间交互作用关系，构建起热轧全流程高保真数字孪生，并与热轧生产线控制系统无缝对接，使新产品、新工艺研发与应用周期缩短，稳定提高产品性能质量，以集约化生产替代传统模式，对促进我国钢材“升级换代”及绿色化生产起到推动作用。

3 热轧生成式工业大模型系统

（1）数据治理及深度挖掘。热轧作为典型的流程工业，时刻产生覆盖化学成分、生产工艺、设备状态及性能指标等的海量数据信息。如何发现影响热轧钢材综合性能指标的主要因素及其相关关系，需要将热轧生产工艺学原理与工业大数据挖掘分析技术及信息技术相结合，但目前尚无相关解决方法的理论与实践应用研究。为此，项目团队从轧钢工艺学原理出发，提出高维度、大规模数据的深度学习人工智能方法，挖掘了热轧生产过程工序间的关联数据信息并获得工艺特征参数，从而丰富了数据的特征空间，明确了钢材成分与工艺特征对产品综合性能指标的权重关系。

（2）物理机制及知识的学习。热轧生产过程中，各工序发生不同的物理冶金行为且彼此间具有复杂的相互关联关系。前人已针对热轧中不同工序的物理冶金学现象，开展了大量实验研究，所建立的物理冶金学模型即便能反映基本物理冶金学规律，但仍然与实际热轧生产过程相距甚远而无法直接应用。不同物理冶金学现象间相互作用关系更是复杂多变而无法精准描述。针对上述难题，项目采用符号机器学习算法，在不需要任何理论假设的条件下提取出特定数据集所具备的知识内涵。以热轧过程应变诱导析出行为解析为例，通过数据挖掘和知识提取，建立了成分、变形工艺、应变诱导析出开始/结束时间的对应关系，计算精度较通用的 Dutta-Sellars（DS）模型提升一倍以上，同时计算生成的 PTT 曲线可作为大模型的知识输入，以物理知识牵引提升模型的可解释性及模型的鲁棒性。

（3）轧制过程“力能-组织-界面”强耦合机器学习。在轧制过程中，通过对热轧负荷工业大数据的系统机器学习，根据轧制载荷变化揭示了轧制过程奥氏体再结晶及晶粒形态演变。此外，热轧过程形成的钢材表面氧化铁皮可直接影响轧件与轧辊的接触状态，进而影响轧制负荷。在构建热轧过程氧化铁皮厚度演变及界面摩擦的机器学习模型基础上，实现了氧化铁皮厚度及界面摩擦系数的精准预测。通过高保真动态数字孪生轧件“力能-组织-界面”的动态演化行为，可使稳态轧制力预报精度较国外模型提升一倍以上，为提升钢板厚度和板形的控制精度奠定了基础。

（4）冷却过程动态相变遗传性机器学习。轧制结束后，热轧钢材经历加速冷却过程。在此期间，形变奥氏体发生诸如铁素体、珠光体、贝氏体及马氏体的连续冷却相变。因此，快速获得精确的连续冷却转变（CCT）曲线有助于制定出正确的冷却路径控制策略，实现热轧钢材性能的精准调控。为此，项目团队结合物理冶金学原理，提出了动态相变的遗传性机器学习方法，实现了不同类型钢种连续冷却相变行为的预测，精度较国际通用模型提高了30%以上，结合智能优化算法成功实现了高强钢的冷却路径柔性化控制。

（5）组织结构与力学性能对应关系。钢材的显微组织决定其力学性能。准确的显微组织识别和表征在高质量钢铁产品生产过程中发挥着重要作用。然而，传统的金相信息表征只能依靠研究人员的个人经验，采用图像处理软件粗略估计平均晶粒度和相分数，导致提取金相信息因人而异，无法精确建立显微组织和力学性能之间的定量关系。为此，项目团队采用基于深度学习方法开发了显微组织精确识别与特征提取技术，开发出具有深度学习微观结构感知和机器学习力学性能预测的集成系统，成功实现了以普碳钢及高强度合金钢为例的显微组织识别和力学性能高精度预测。

4　热轧生成式工业大模型集成与主要功能概述

图2所示为热轧生成式大模型系统架构。相较于传统模型，其变量总数超过350万，比传统模型多出5个数量级以上。通过热轧上下游的信息融合，在实际工业应用中不断迭代优化，基于数据资源不断提升模型的可训练性，基于物理知识学习不断提升模型的可解释性和鲁棒性，从而构建起高保真热轧过程“成分-工艺-组织-界面-载荷-性能”的数字孪生，并形成通用的、可推广的工业系统，实现热轧过程中钢材综合质量的精准调控。

综上所述，基于热轧工业生产数据及先进的数字化手段和大模型训练方法，首次开发出了综合考虑组织结构演变、氧化铁皮厚度演变、界面状态及轧制载荷变化的热轧生成式工业大模型，实现了热轧过程主体环节的高保真数字孪生，可解决热轧过程组织演变与界面状态的黑箱问题，从而提升产品表面质量和力学性能稳定性。实际应用于我国大型热连轧及宽厚板轧机等10余条生产线，开发出以海洋风电为代表的多种高性能钢铁材料的成分体系与最优轧制工艺，生产出“内外兼修”的高品质热轧钢材并成功应用于我国各类重大工程。所开发的热轧大模型系统颠覆了国际钢铁领域的传统控制方法，在热轧生产技术领域走出了一条领先于日韩欧洲等钢铁企业的数字化转型之路。同时为钢铁生产如何充分利用丰富的生产数据资源提供了参考，也为开发全流程数字化预训练大模型提供了算法支撑，系列研究工作在典型流程工业数字化转型中具有重要的理论指导意义和参考价值。

控制轧制

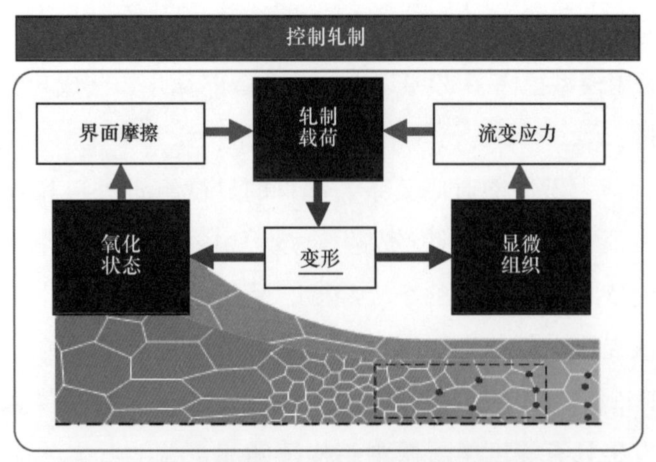

① “力能-组织-界面”强耦合机器学习

控制冷却

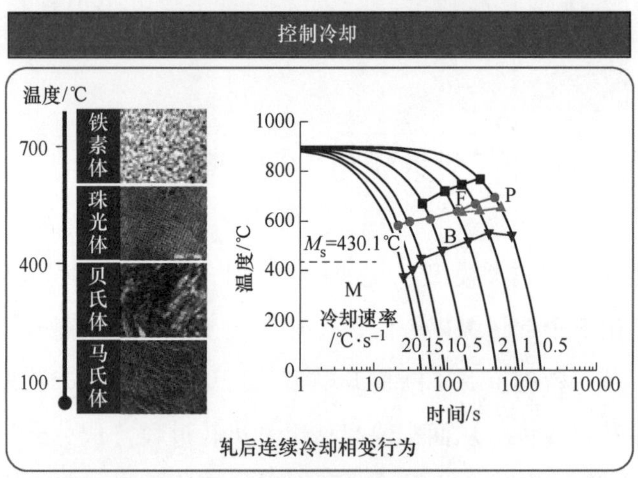

② 动态相变遗传性机器学习

力学性能

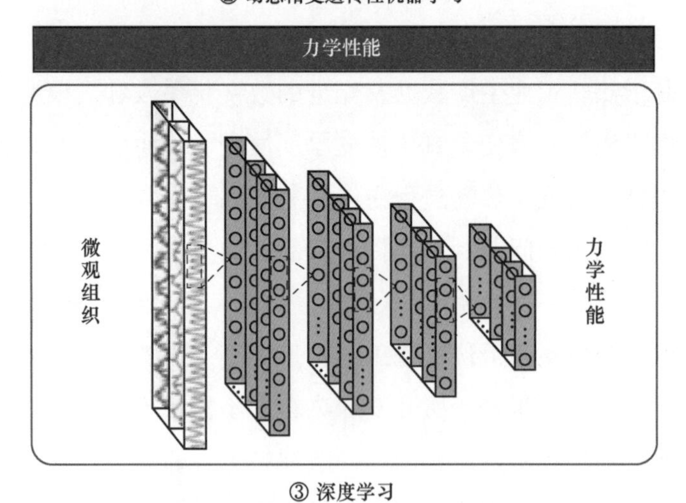

③ 深度学习

图 2 热轧生成式工业大模型架构

刘振宇 吴思炜 周晓光 曹光明

热轧生成式工业大模型生产赋能：显微组织与界面状态的数字孪生及轧制力预报

热轧过程中轧制力精准预报对控制轧件板形和厚度至关重要，其变化过程与轧件内部组织结构及轧辊与轧件界面状态密切相关。尽管国际国内普遍采用的普利特或TIMEC模型，依靠自学习和数据回归这种“打补丁”的方法可保证轧制力预报精度，但由于没有将上述两个主要因素考虑在内，对轧制力变化规律的认识限于塑性力学范围内，轧制力预报精度已基本达到极限。

项目团队采用已开发的热轧生成式工业大模型，对热轧过程中可实时、精准检测的轧制力进行系统训练和学习，从而明确流变应力变化情况，进而描述出显微组织演变的进程。因此，以流变应力为桥梁，融合工业大数据驱动和机器学习算法，通过轧制载荷变化揭示轧制过程奥氏体再结晶及晶粒形态演变，并提出了混合奥氏体组织形态的计算方法，实现了对混合组织中各类型晶粒的尺寸、形状与体积分数进行定量描述，并开发出了特殊方法实现显微组织的快速重构，可对轧制过程奥氏体形貌及析出形貌进行直观展示。与此同时，热轧生产过程中在钢材表面随时生成氧化铁皮，其厚度及均匀性是影响热轧产品表面质量最主要的因素，也可以充当轧辊与轧件界面的润滑介质而影响轧件与轧辊的接触状态，进而影响轧件轧制负荷。为此，项目团队利用数据驱动算法解析了氧化速率、氧化铁皮变形率与轧制工艺及化学成分的关系。基于非等温氧化动力学模型建立了热轧全流程氧化铁皮厚度演变模型，通过工业大数据与遗传算法实现了热轧全流程氧化铁皮厚度演变的精准预测，并建立起氧化状态与界面摩擦系数的对应关系，实现了轧制过程界面状态的精准描述。图1(a) 和 (b) 分别示出的是热轧生产过程中典型高强度合金钢显微组织演变及氧化铁皮厚度与界面摩擦系数演变行为。

轧制力的高精度预测是提升产品三维尺寸的控制精度的关键。在前述研究的基础上开发了热轧过程“形-性-面”耦合机器学习框架，建立轧制过程轧件软化行为与流变应力以及表面氧化状态与轧制摩擦状态的耦合关系模型，精准解析了轧制过程再结晶、析出、氧化等物理冶金过程。以此为基础，通过融合成分、工艺、质量等工业大数据，开发集成学习方法实现轧制过程“形性面一体化”高保真动态数字孪生，实现热轧过程轧制力的精确计算，通过高精度轧制力计算，可有效提升厚度和板形控制精度。图 2 示出的是某宽厚板生产线，采用国际通用轧制力模型预报的各道次轧制力与实测值比较，以及采用项目团队开发的大模型预报的轧制力与实测值比较。可以看出，由于大模型充分考虑了热轧生产过程中轧件的显微组织演变和表面氧化行为，因此其轧制力预报精度较国际通用模型高出一倍以上，是宽厚板生产过程中进行合理的道次负荷分配和控制轧制温度的基础。

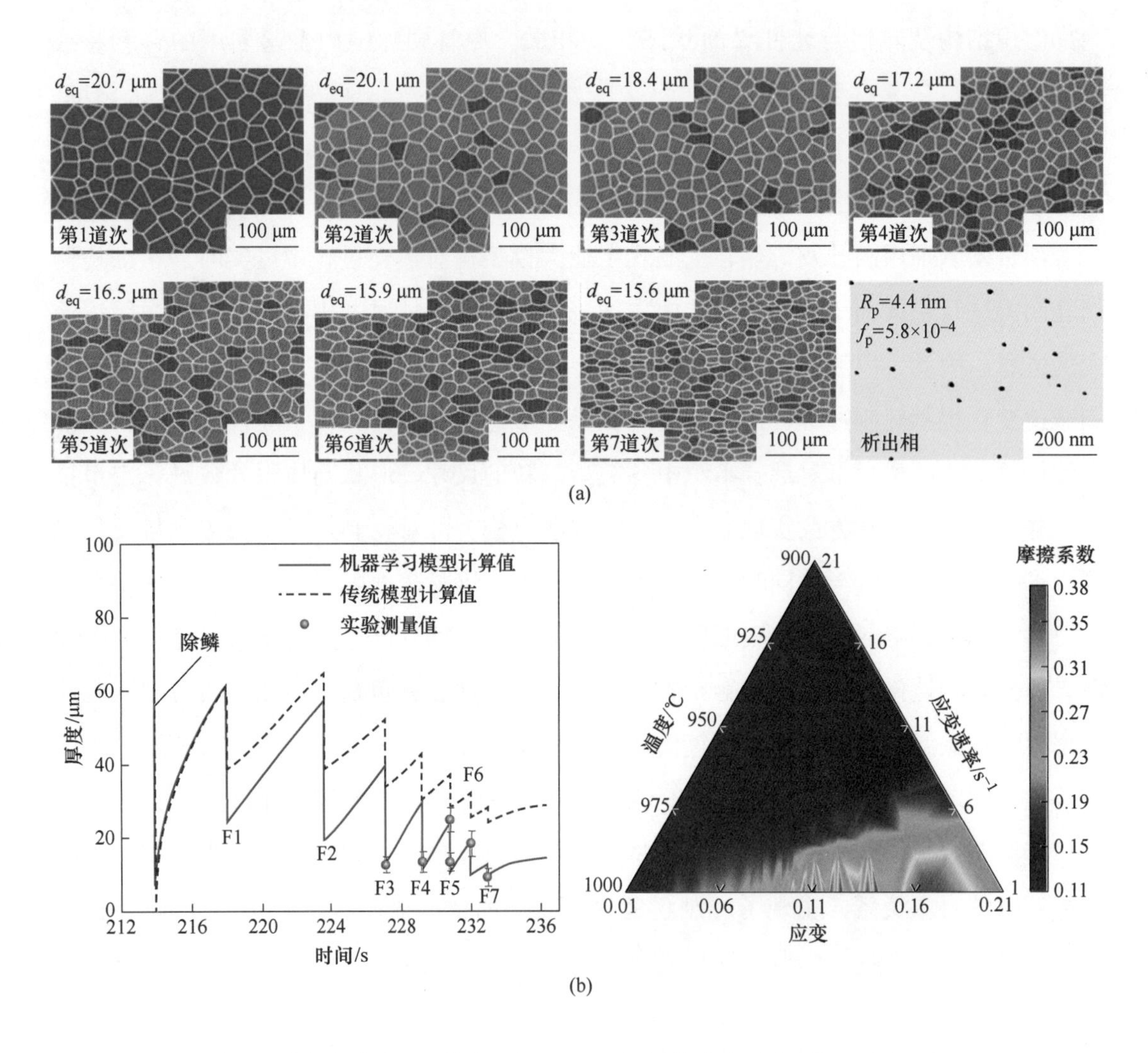

图 1　精轧各道次奥氏体形貌与 Nb(C,N) 最终形貌可视化结果（a）及热轧过程氧化铁皮厚度与摩擦系数变化情况（b）

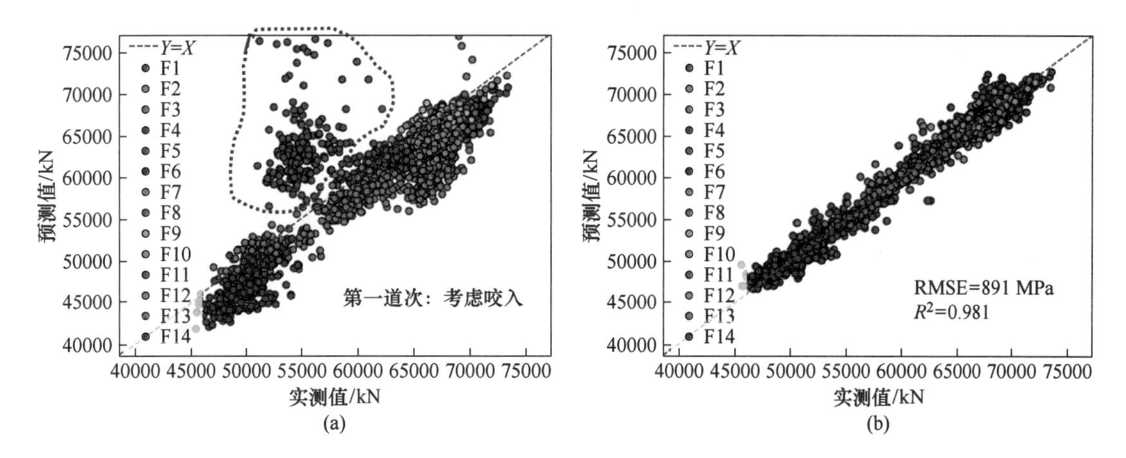

图 2　宽厚板生产过程中基于组织与界面状态的轧制力预测精度

（a）国际通用轧制力模型；（b）项目团队开发的大模型

刘振宇　吴思炜　周晓光　曹光明

热轧生成式工业大模型生产赋能：船板钢组织性能与表面质量一体化控制

我国船舶工业造船市场份额近年来一直保持全球领先，至2023年，我国造船国际市场份额已连续14年居世界第一，造船完工量、新接订单量、手持订单量以载重吨计分别占世界总量的47.3%、55.2%和49.0%，造船大国地位进一步稳固。我国骨干船企有6家企业进入世界造船完工量、新接订单量和手持订单量的前10强；高端船型实现批量交船，10万吨级智慧渔业大型养殖工船等海洋工程装备实现交付；全年新接订单中绿色动力船舶占比达到49.1%，创历史最高水平。然而，我国高强船板钢综合质量与日韩等先进国家相比仍有不小差距，特别是在整体考虑力学性能、内部组织结构和表面质量方面，更是存在着诸多问题。比如，钢板不仅要求严格的强韧性，同时要求钢板表面在去除氧化铁皮后无明显色差、麻坑等典型缺陷。但力学性能与表面质量在生产过程中往往处于矛盾的两极而难以调和，在实际生产中很难做到“内外兼修”。其根本原因在于，采用低温大压下虽然可提高热轧钢板强韧性，但易导致热轧钢板表面形成过多的红色氧化铁皮，对表面质量造成破坏，而表面氧化铁皮厚度与结构控制则应该避免钢板产生过大温差而导致热应力升高。再者，传统TMCP会因低温轧制产生残余应力而带来板形不良和剪裁瓢曲等问题。因此，必须综合考虑力学性能与表面质量才能制定出全局性优化工艺，但这种工艺经过多年实践摸索，至今仍无法突破覆盖全尺寸规格、全品种系列的工艺窗口，造成高强船板在船舶建造过程中，去除氧化皮后钢板表面存在如色差、麻坑等缺陷，属国内外共性难题，因为这些典型缺陷不仅给大型船舶的涂装造成严重影响，甚至会导致船舶服役过程中船体的耐腐蚀寿命降低。

为了生产出既具有优良表面质量，同时又具有优良力学性能和内部组织结构的船板钢，项目团队采用热轧工业大模型系统优化了高强船板钢的生产工艺，在我国典型宽厚板生产线上生产出表面质量优异的海工钢及工程机械用钢等产品。钢板表面氧化铁皮厚度降低至20～30 μm；与常规工艺相比，表面氧化铁皮与钢板的界面平直度大大提高，使抛丸处理后钢板的表面缺陷率与常规工艺相比降低75%以上；产品的表面质量明显提高，修磨率降低至1%以下，而国内外同类产品的表面修磨率均在2%以上。与此同时，由于优化了轧制与轧后冷却过程，消除了钢板显微组织中的带状组织，从而提高了钢板力学性能均匀性，为用户提供了“内外兼修”的高品质原材料。表面质量优异的海工钢也保障了我国极地凝析油轮及深海采钻平台等重大海洋工程的建造。工艺优化前后，高强船板钢显微组织结构与表面质量对比如图 1 所示。

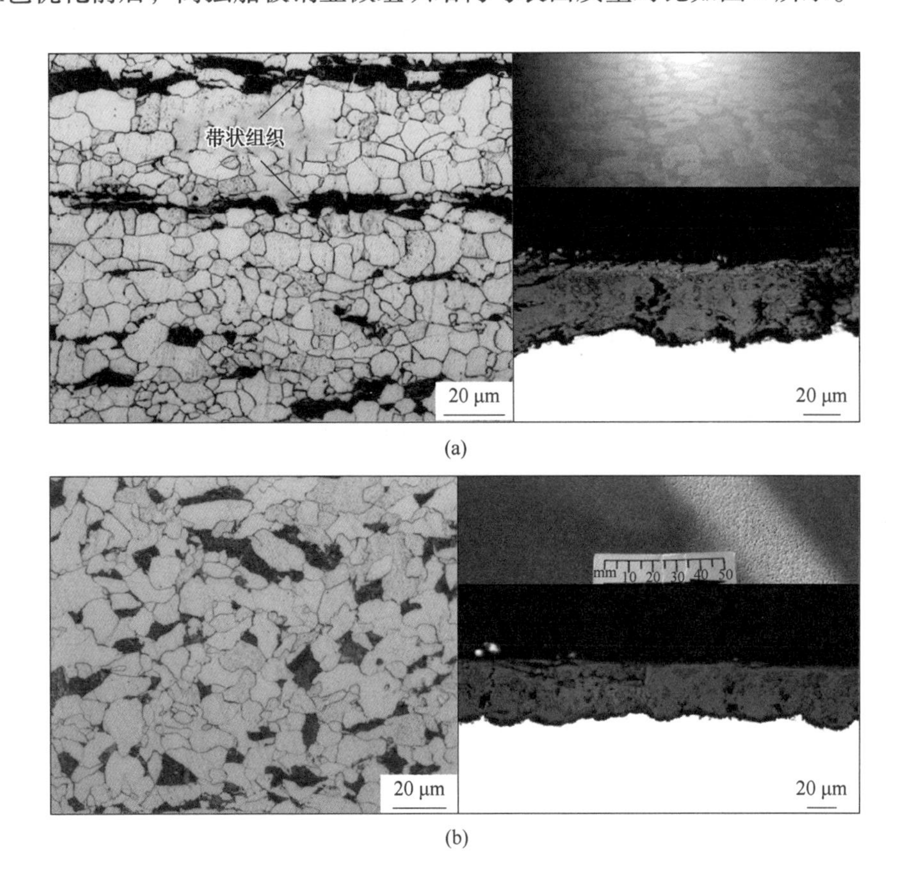

图 1　32～36 kg 级高强船板钢工艺优化前后组织和表面氧化铁皮结构对比

（a）优化前（AH32，带状组织）；（b）优化后（AH32，组织均匀）

刘振宇　吴思炜　周晓光　曹光明

热轧生成式工业大模型生产赋能：700 MPa 级 Ti 微合金化超高强钢性能稳定性控制

700 MPa 级超高强钢可用于制作重卡、客车及各种新能源汽车的大梁及箱梁部件，要求具有高的强度和成型性能。钢中添加 Ti 进行微合金化处理，可在铁素体相中产生细小弥散的 TiC 等第二相粒子，显著提高钢材强度。相较于 Nb、V 等微合金元素，Ti 不仅与 Nb、V 相似，具有析出强化和细晶强化效果，且储量丰富、价格较低，吨钢微合金化成本为 Nb 微合金钢的 1/5 以下。然而，由于 Ti 金属性质活泼，在冶炼过程中易与钢水中的 O 和 N 发生反应，降低钢中的有效 Ti 含量，每炉钢 Ti 的收得率都会发生较大变化。故此，虽然在钢中添加 Ti 进行微合金化处理，既可提高合金钢的强度和韧性，又能有效地降低生产成本，但目前炉次间性能波动大，成为制约 700 MPa 级 Ti 微合金超高强钢产品质量的关键问题。如何改善 Ti 微合金化 700 MPa 级超高强钢不同炉次间性能波动问题，已成为钢铁企业兼顾企业利润、满足用户使用需求的核心问题。

针对 700 MPa 级超高强钢性能波动大的问题，项目团队依托于某钢铁企业的 2250 mm 热轧生产线，通过采集大量的工业数据并进行数据清洗后形成高质量的工业数据集。采用热轧生成式工业大模型优化了有效 Ti 元素的溶解析出行为模型，融合 Ti 微合金钢物理冶金学知识和生产数据对模型进行了强化学习。以此为基础，开发出适用于热连轧 700 MPa 级超高强钢工艺快速优化设计的多目标优化算法，并应用于过程机 Level 3 的成分调用和工艺优化计算，计算结束后将优化工艺窗口反馈至 Level 2 进行过程控制。

在传统生产模式下，当不同冶炼炉次的铸坯成分波动时，为了保证生产稳定，铸坯仍会按照原生产计划中设定的目标工艺组织生产，这就导致了 700 MPa 级超高强钢产品性能波动。根据热轧生成式工业大模型给出的轧制工艺智能优化设计，可以根据成分变化动态调整轧制或冷却工艺，通过在过程机中不断寻优，实现了“反馈—计算—决策—控制”完整循环的轧制工艺动态优化，从而提高了 700 MPa 级超高强钢性能稳定性。图 1 示出的是基于热轧大模型的 700 MPa 级 Ti 微合金化超高强钢性能稳定性控制成效。由图可知，在常规工艺下，700 MPa 级超高强钢性能波动范围较大，经过工艺动态优化后，屈服强度波动降低 67%，抗拉强度波动降低 64%，伸长率波动降低

55%。此外，针对2250 mm热连轧生产的高Ti微合金高强钢薄规格产品因采用传统模型造成轧制力预报偏差导致易出现边浪等问题，采用所开发的热轧生成式工业大模型，在综合考虑组织结构演变和界面状态变化的前提下，轧制力预测精度较国际通用模型计算精度提高30%以上，从而大幅降低了薄规格产品产生边浪的风险。

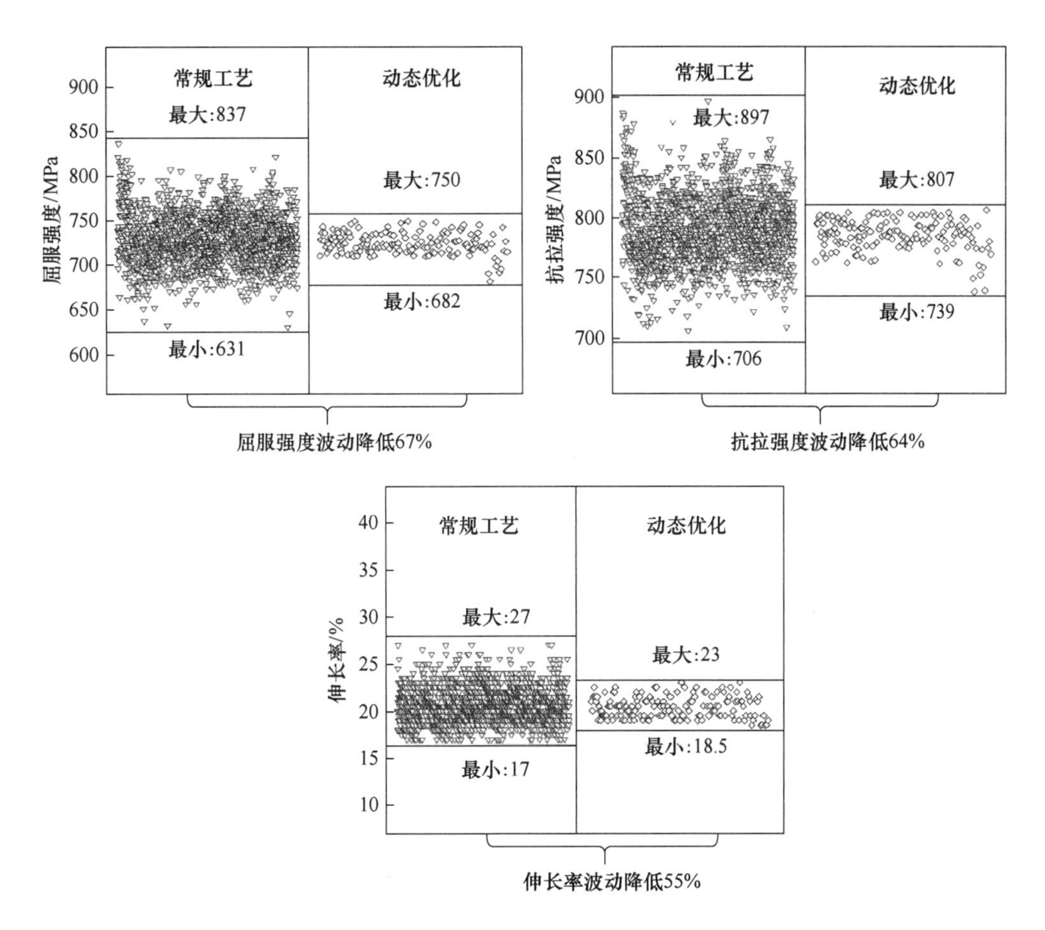

图1 基于热轧大模型的700 MPa级Ti微合金化超高强钢性能稳定性控制成效

刘振宇 吴思炜 周晓光 曹光明

热轧生成式工业大模型生产赋能：中厚板高效轧制工艺开发与应用

石油和天然气是现代工业和经济发展的重要支柱，从区域分布来看，石油需求主要在大西洋地区、亚太地区及工业发达的地区，而油气田则大部分在极地、冰原、荒漠、海洋等偏远地带。管道作为石油、天然气的一种经济、安全、不间断的长距离输送工具得到了巨大的发展，这种发展势头在将来的几十年中仍将持续下去。随着石油、天然气消费量的增长，石油、天然气输送管线的重要性越来越突出。管线钢的质量和性能直接关系到能源供应的稳定性，对保障国家能源安全具有重要意义。C-Mn 钢是我国量大面广的一种常用钢种，具有强度、塑性、韧性等综合机械性能优良和成本低廉等综合优势，广泛应用于汽车、建筑、机械、铁路等各个行业，为我国国民经济发展提供重要支撑。作为中厚板企业最典型的钢种，如何高效优化高钢级管线钢和普通 C-Mn 钢生产工艺，对提高钢铁产量、加快生产节奏、提升企业盈利水平具有重要的意义。

针对国内某宽厚板产线高钢级管线钢，项目团队通过对当前工艺进行分析调研，发现中厚板生产过程中存在以下问题：（1）加热温度过高，加热炉能耗大。加热温度冗余度过大，虽然能够保证 Nb 元素在奥氏体基体中完全溶解，但也带来能耗过高、生产节奏变慢、奥氏体粗化严重等问题。（2）粗轧至精轧待温时间过长，轧制效率低。在粗轧阶段，为了充分发挥再结晶轧制细化奥氏体晶粒的作用，现有轧制工艺将粗轧轧制温度设定过高，导致入精轧机之前需要进行 210 s 以上的待温处理。

针对高钢级管线钢中厚板加热温度高、能耗大、中间坯待温时间长及轧制效率低等问题，项目团队采用热轧生成式工业大模型，围绕中厚板生产流程开发了高效轧制。通过大模型全局优化，在保证 Nb 微合金元素完全固溶前提下，将钢坯出炉温度降低了 40 ℃左右；在粗轧机组，在保证充分发生动态再结晶的前提下，轧制温度降低了 50～100 ℃，从而使精轧前待温时间由原来的 200 s 以上缩短至 120 s 左右。同时，为了缓解粗轧过程因温度降低而导致的轧制载荷升高，将粗轧总压下率与原工艺相比降低了 5%左右，精轧总压下率则与原工艺相比提高了约 4.5%，整体轧制负荷分配更加合理。最终，在力学性能和道次轧制负荷保持不变的基础上，使管线钢粗轧/精轧之间的待温时间缩短近 25%。工艺改进后，粗轧待温时间及轧制总时间分别缩短了约 90 s

和 100 s，铁素体晶粒尺寸由 9.5 μm 细化至 8.2 μm，析出相尺寸由 5.9 nm 细化至 2.8 nm。工艺优化后，奥氏体位错强化强度略有降低，但细晶强化强度的提升可以对此进行补偿，产品的总强度基本不变，伸长率和 -20 ℃冲击功则有所提升，所有力学性能指标均满足客户要求。图 1 示出的是基于热轧大模型开发的高强管线钢高效轧制工艺及典型产品的力学性能检测结果。

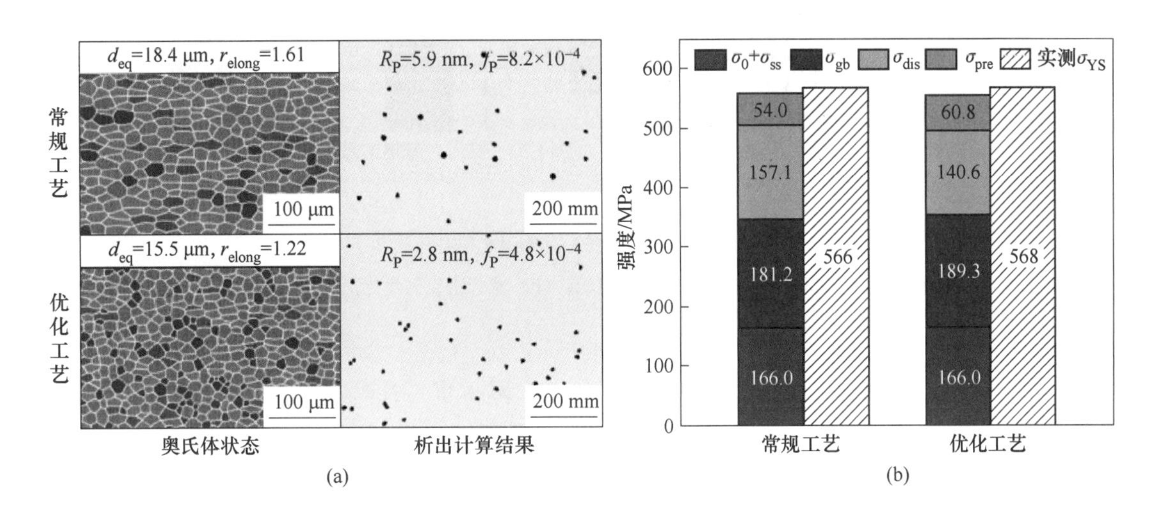

图 1　基于热轧大模型的高强管线钢高效轧制工艺

(a) 常规工艺与优化工艺下的奥氏体状态与计算结果；(b) 常规工艺与优化工艺下强度计算值与实际值对比

针对国内某宽厚板产线 C-Mn 钢，项目团队通过对当前工艺进行分析调研，发现中厚板生产过程中存在以下问题：(1) 粗轧温度高、待温时间长、精轧前晶粒粗大，存在能耗过高、生产节奏慢等问题；(2) 精轧温度低、道次少，轧后奥氏体晶粒粗大且变形严重，相变会出现大量的带状组织。

针对 C-Mn 钢中厚板粗轧温度高、中间坯待温时间长、晶粒粗大及轧制效率低等问题，项目团队采用热轧生成式工业大模型，围绕中厚板生产流程开发了直接轧制工艺。通过大模型全局优化，在加热阶段将加热温度降低了 140 ℃，实现了节能降耗；在粗轧阶段，通过合理分配轧制负荷使轧件产生充分再结晶细化效果；在精轧阶段，通过适度提高精轧温度而促使奥氏体再次发生再结晶细化，从而避免因部分再结晶造成的组织不均匀性。最终，在保证性能要求的前提下，开发出高效直接轧制工艺。与常规控制轧制工艺相比，每块钢轧制时间至少减少 2 min，从而使整体轧制效率提高 40%。采用优化工艺后，轧件中奥氏体组织均匀细化，相变后产生均匀细化的铁素体，从而使产品的力学性能指标满足客户要求。图 2 示出的是采用基于热轧大模型开发的 C-Mn 钢直接轧制工艺，奥氏体组织状态、室温显微组织及钢板力学性能预测值与实测结果的对比。

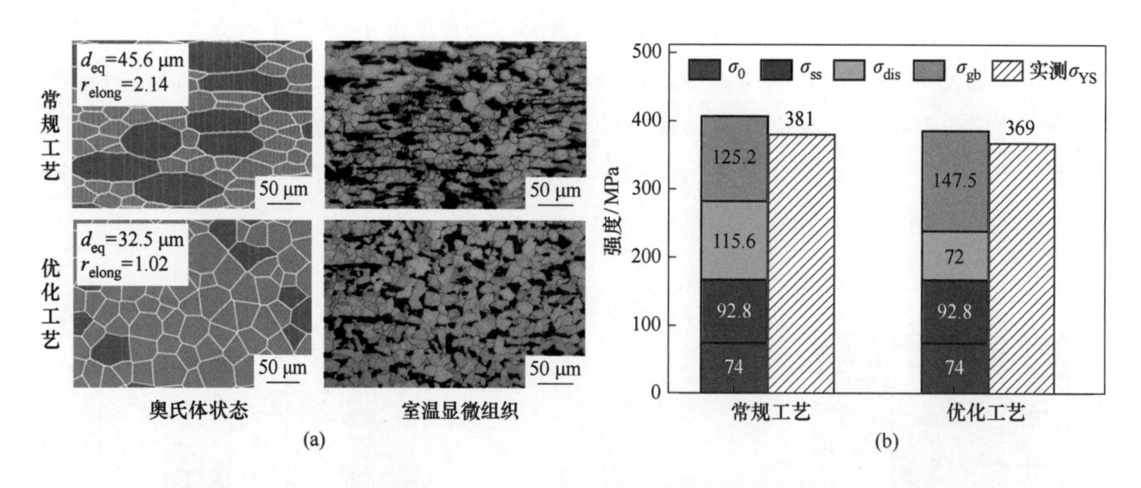

图 2　基于热轧大模型的 C-Mn 钢直接轧制工艺

（a）常规工艺与优化工艺下的奥氏体状态与室温显微组织；（b）常规工艺与优化工艺下强度计算值与实际值对比

刘振宇　吴思炜　周晓光　曹光明

热轧生成式工业大模型生产赋能：余坯利用与轧制工艺柔性化设计系统

面对新型工业化带来的生产与消费结构改变，宽厚板生产过程所具有的品种结构复杂、小批量订单多等特点更加突出。为保障生产中的合同调度与安排，中厚板企业每年均不可避免地产生总产能10%左右的多余坯料。为了提高资源的利用率、避免重复炼钢，需要按照合同需求尽可能多地将余坯匹配给合同，而用人工设计进行后续调整工作量大、效率低、易出错。此外，这些余坯在目前生产方式下仅能以最低级别产品出售而造成巨大经济损失。以国内典型宽厚板生产厂为例，产品结构包括管线、船板、桥梁等累计10余个产品系列，涉及超过2000个出钢记号，全年产生近200个小浇次出钢，超过2万吨余坯在现有生产方式下仅能以最低级别产品出售，不仅造成了巨大经济损失，而且过多的钢种造成了炼钢工序的复杂化，严重影响了生产效率和产品质量的持续提高。因此，企业迫切需要一种“大规模定制”生产模式，既满足用户对产品低成本、高质量、个性化的要求，又满足企业大规模高效生产的需求，以提高企业的竞争能力。

为此，项目团队在深入现场调研的基础上，采用热轧生成式工业大模型进行了高效余坯利用生产工艺的数字化设计。通过分析宽厚板产线现有余坯系统，建立了余坯工艺柔性设计的对象库。在对余坯管控信息（包括订单规格信息、冶金规范信息、出钢记号标准等）进行归纳分类基础上，采用智能化匹配寻优算法，根据合同订单和库存余坯的数据，考虑产品类别、合同欠量、交货时间、展宽比范围、成材率范围和板坯厚度范围等约束条件，建立了智能化余坯匹配准则。以最大化板坯利用率为目标，通过建立合同订单与余坯匹配间的对应关系，实现了根据合同查询余坯与根据余坯查询合同的双向高效查询。以生产组织的产能最大、余材最少、耗能最低为目标的多订单板坯自动设计，可给出余坯利用的建议，从而解决了依靠“人工设计+后续调整”的余坯利用模式所带来的工作量大、效率低、易出错等问题。

项目团队通过热轧大模型系统计算，提出了余坯生产最优组织结构和性能指标的评价函数，建立了余坯“成分—工艺—组织—性能”的预判模型。在综合考虑细晶、析出、位错及相变等强化机制综合作用的基础上，提出了轧制工艺的柔性化设计方法。通过上述工作，开发出余坯利用与轧制工艺柔性化设计系统，可综合考虑余坯规格、化学成分以及与合同放行标准的匹配程度，进而提出了开展柔性化生产工艺设计的三种准则：(1) 余坯规格、成分信息与合同规格及成分放行标准相符合。考虑成材率、压缩比、展宽比等因素，按照计划工艺进行生产，即可满足合同需求。(2) 余坯规格、成分信息与合同放行标准不符合，但是经余坯成分—工艺—组织—性能预判模型判断，轧制工艺优化后可以满足合同标准要求。则结合余坯成分信息、规格信息、成分放行标准和性能放行标准，将工艺设计分为跨强度级别和跨厚度级别两种情况，基于热轧生成式工业大模型对其生产工艺进行再设计，以获取余坯生产所需的最优工艺窗口。(3) 余坯规格、成分信息与合同放行标准不符合，经余坯成分—工艺—组织—性能预判模型判断，轧制工艺优化后仍无法满足合同需求，则不会给出特定余坯与该合同计划的匹配建议。

采用余坯利用与轧制工艺柔性化设计系统，针对典型钢种，在相同成分体系下实现了跨厚度和跨强度级别的轧制工艺柔性化设计，实际生产中产品力学性能合格率为100%，年减少超过60余次的小浇次出钢，从而在生产中初步实现了以大浇次出钢为主的“大规模定制”化生产。图1示出的是国内某宽厚板生产企业基于热轧大模型的余坯利用与轧制工艺柔性化设计系统示意图。

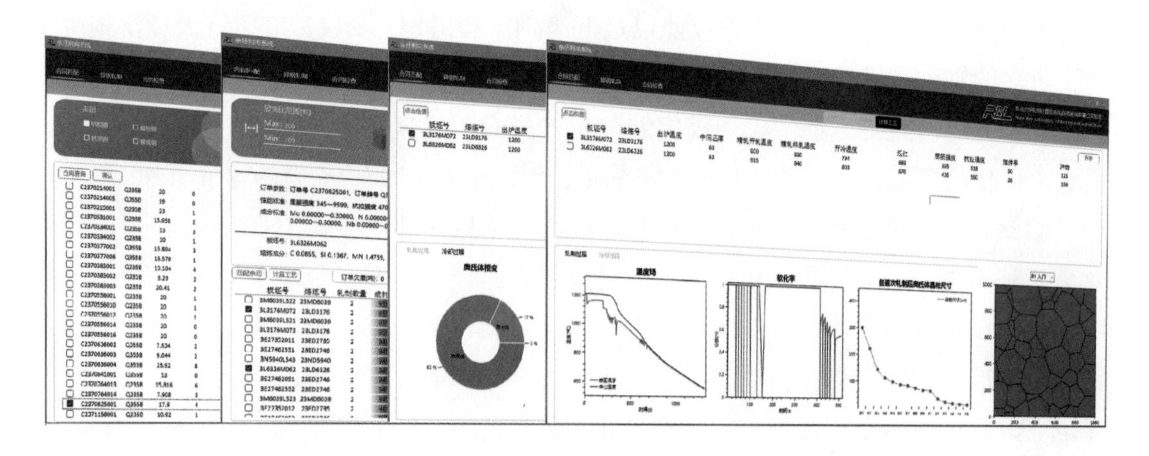

图1　基于热轧大模型的余坯利用与轧制工艺柔性化设计系统示意图

刘振宇　吴思炜　周晓光　曹光明

热轧生成式工业大模型生产赋能：多道次变形条件下热轧钢材流变应力预报

热轧过程中轧制力精准预报对控制轧件板形和厚度至关重要，其变化过程与轧件内部组织演变行为密切相关。尽管国际国内普遍采用TIMEC等模型依靠自学习和数据回归这种“打补丁”的方法可保证轧制力预报具有一定的精度。但由于没有充分考虑变形过程的组织演变，轧制力预报精度已基本达到极限。众所周知，影响轧制力的最重要因素就是变形过程中的流变应力，因此，高精度流变应力模型的建立对于钢材轧制过程具有重要的意义。

通过单道次压缩实验可以快速地评估钢材的流变应力。目前研究人员已经对不同钢材在单道次变形条件下的流变应力预测做了大量的工作。而在实际轧制过程中，多道次变形是生产工艺中不可避免的一环。在多道次变形条件下静态再结晶、晶粒尺寸、位错密度、变形温度、应变速率等都会导致材料的组织发生变化，进而影响材料的流变应力。因此，通过传统的本构方程建模方法很难对钢铁材料的多道次变形行为进行高精确预测。

针对上述问题，项目团队采用已开发的热轧生成式工业大模型，对多道次条件下的流变应力进行了预测。为了更好地研究流变应力受组织演变和变形参数的影响，设计了多道次压缩实验。基于对多种流变应力模型预测精度的分析（R^2 和 RMSE 等），选择了一种精度最高的流变应力模型，并将其作为预测多道次变形条件下流变应力模型的基本框架。同时，采用遗传算法结合各道次的流变应力数据确定了各道次变形条件下的流变应力模型关键参数。

项目团队通过典型的奥氏体再结晶和晶粒尺寸数据模型，基于工业大数据学习出模型中的关键工艺参数，实现了热轧过程奥氏体组织演变的数字孪生，使得热轧过程全流程“黑箱变白”。基于数字孪生技术，建立了实验钢高精度的奥氏体静态再结晶数学模型、奥氏体晶粒尺寸数学模型和变形过程中的位错密度数学模型。充分考虑变形条件、奥氏体静态再结晶软化行为等因素，通过项目团队所开发的神经网络算法，建立了奥氏体静态再结晶软化率、奥氏体晶粒尺寸、变形温度、应变速率等参数与流变应力模型关键参数之间的映射关系。网络模型建立流程图如图1所示。图2给出了双道次变形条件下的流变应力对比。图 3 给出了四道次变形条件下的流变应力对比。可以看出，基于生成式大模型所建立的流变应力模型具有较高的精度，不仅适用于预测传统意义上的单道次变形条件下的流变应力，更能预测实际热轧过程的多道次变形条件下的流变应力。基于高精度的流变应力模型的预测，可以进一步提高热轧过程轧制力的预测精度，为板带生产过程中进行合理的道次负荷分配和控制轧制温度奠定基础。

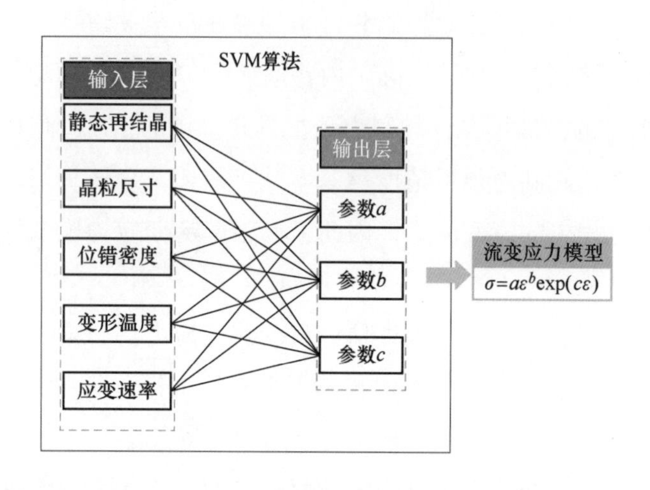

图 1　网络模型建立流程图

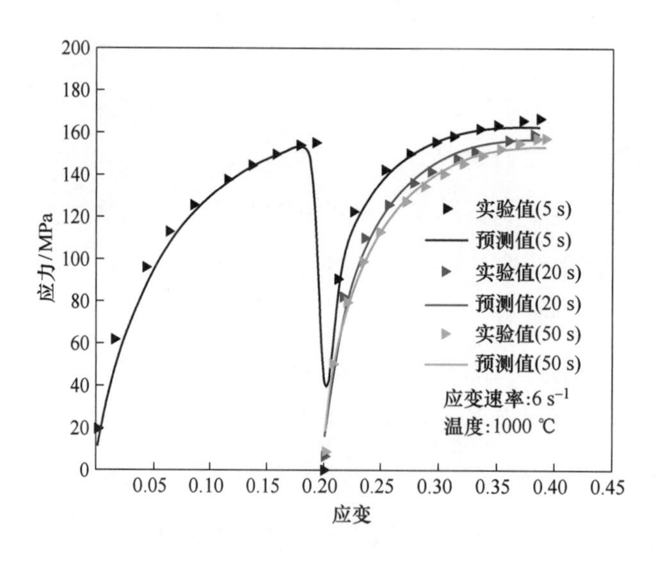

图 2　双道次变形条件下预测流变应力与实验值对比

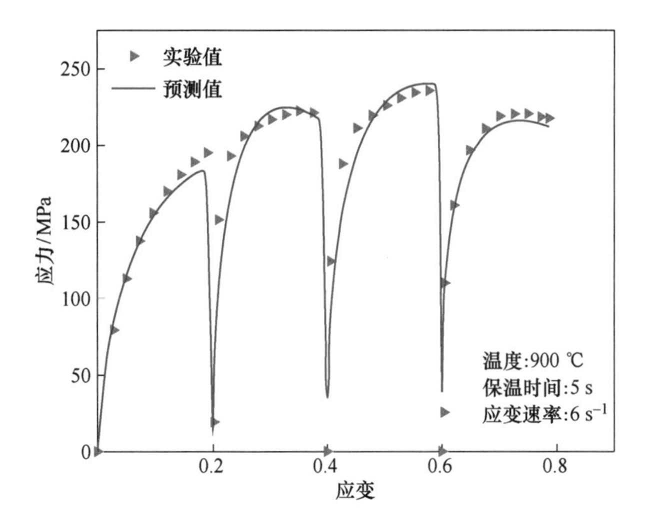

图 3 四道次变形条件下预测流变应力与实验值对比

刘振宇 吴思炜 周晓光 曹光明

热轧生成式工业大模型生产赋能：高强钢相间析出行为的预测及控制

微合金钢因具有优良的性价比，广泛应用于工程机械、汽车等领域，其在奥氏体向铁素体相变的过程中发生的相间析出能明显提高钢的强度。相间析出的发生与化学成分及工艺参数等密切相关。因此，准确预测相间析出能否发生并利用相间析出提高钢的强度至关重要。但目前相间析出发生的条件并不明确，必须通过大量实验探索相间析出发生的成分或工艺条件。在相间析出发生的条件下，不同研究者建立了不同物理冶金学模型预测相间析出的特征值（面间距 λ、粒子间距 b_p、粒子直径 d）。但是这些物理冶金学模型非常复杂，难以应用。同时，在高强钢生产过程中合金减量化设计也是钢铁行业追求的目标之一。

针对上述关于高强钢相间析出存在的问题，项目团队采用已开发的热轧生成式大模型，针对高强钢的相间析出行为开展了系统的研究。

项目组首先基于决策树（Decision Tree）模型，对高强钢在热轧过程中能否发生相间析出进行判断。如图 1 所示，单个决策树由分支、节点和叶子组成，一个完整的决策过程生成了树状结构。项目团队将数据按 8：2 的比例划分为训练集和测试集，用于构建相间析出和弥散析出的二分类模型。

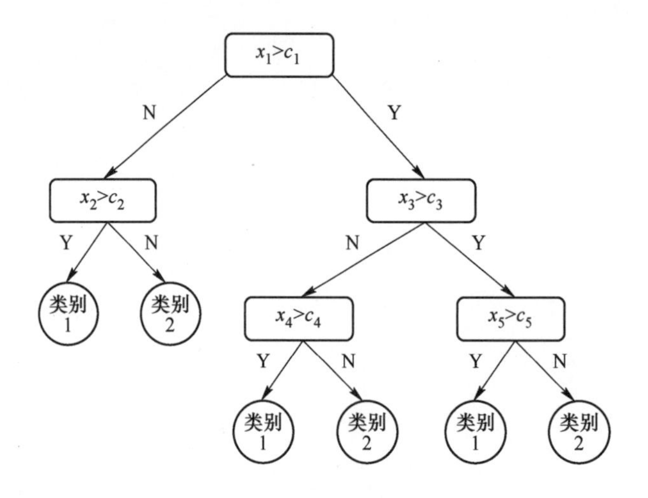

图 1　决策树模型的示意图

类别 1—相间析出；类别 2—弥散析出

表1给出了采用决策树模型对析出类型的判定结果，可以看出，对于能否发生相间析出行为的判定与文献中的结果完全吻合。

表1 决策树模型预测结果与文献结果对比

钢 号	保温温度/℃	保温时间/s	保温后冷速/℃·s^{-1}	相间析出/弥散析出	文献结果
Fe-0.085C-1.43Mn-0.25Si-0.10Ti-0.003P-0.002S-0.0045N（质量分数）	700	600	0.1	相间析出	相间析出
	650	600	0.1	相间析出	相间析出
	700	1800	0.1	弥散析出	弥散析出
	650	1800	0.1	弥散析出	弥散析出
0.08C-0.21Si-1.76Mn-0.058Nb-0.11Ti（质量分数）	640	50	100	相间析出	相间析出
	640	100	100	相间析出	相间析出
	640	—	2	弥散析出	弥散析出

为了更好地预测相间析出行为，项目组还对相间析出的特征值（λ、b_p、d）进行预测。由于描述相间析出特征值的物理冶金学模型非常复杂，难以直接应用，同时相间析出特征值的实测数据较少，而化学成分和工艺参数是影响相间析出特征值的关键因素，因此必须采用一种新的方法对相间析出特征值与化学成分和工艺条件的关系进行建模。项目组利用带有径向基函数的支持向量机（SVM）模型在小数据集和非线性回归领域的优势，输入参数为决策树给出的节点变量，输出为相间析出特征值。将发生相间析出的数据按8∶2的比例划分为训练集和测试集。在训练SVM模型时，SVM的结构参数采用PSO算法进行优化。在得到相间析出粒子的特征值（λ、b_p、d）后，对相间析出的强化强度进行计算。

图2示出了SVM模型的训练和测试数据集中面间距、粒子间距、粒子直径和相间析出强化强度的预测值与实测值对比。可以看出，预测结果与实验结果吻合良好。表明SVM模型能够准确预测不同成分和变形条件下相间析出粒子的特征值和析出强化强度。

为了在保持钢整体强度不变的条件下对合金进行减量化设计，项目组基于训练好的相间析出特征值的SVM模型，在决策树结果的约束条件下，根据目标的相间析出强化强度优化达到该强化强度所需的化学成分和工艺条件。在进行合金减量化设计时，将新成分钢材固溶强化、细晶强化对屈服强度贡献与原成分钢材固溶强化、细晶强化对屈服强度贡献的差值由两种成分钢材相间析出强化强度的差值弥补。将建立的SVM模型与PSO算法相结合，利用相间析出高的强化强度对合金进行减量化设计。采用优化工艺后，Mn的质量分数由原来的1.5%降低至1.03%，Mo的质量分数由原来的0.2%降低至0，TEM观察到优化合金中存在大量排列规则的相间析出粒子，且优化钢材与原钢材相比硬度相当。表明所建立的机器学习模型可实现合金减量化设计。

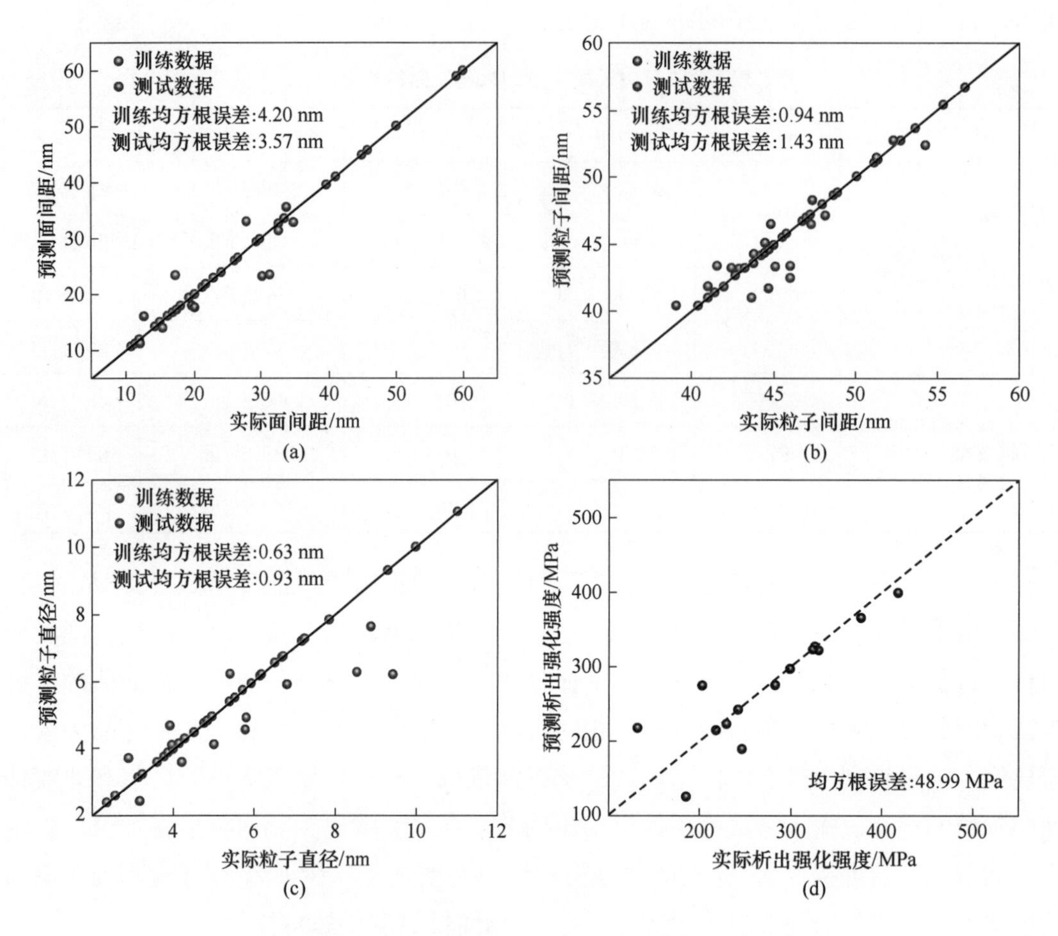

图2 训练和测试数据集中的预测值和实测值之间的对比

（a）面间距；（b）粒子间距；（c）粒子直径；（d）析出强化强度

刘振宇 吴思炜 周晓光 曹光明

冷轧

方向首席：李建平

高强塑性钛合金板带材温轧工艺与装备技术研发

1　研究背景

钛合金因具有比强度高、耐腐蚀、耐高温、耐低温、无磁、可焊、生物相容性好等优异的综合性能，在航空航天、海洋、兵器、化工、医疗、日常生活等众多领域都有着重要的用途。高性能钛合金板带材是飞机、战机、船舶应用的关键材料。随着航空、航天和航海发展，对新型装置提出了大尺寸、高减重、长寿命的需求，开展高性能钛合金新材料研发和低成本生产制备技术研究，是当今国际上钛合金材料研究的重要发展趋势。钛合金减重带来的轻量化，对于降低油耗、增加载重等均有重要贡献，高强度钛合金的使用是实现结构减重的关键技术之一。

目前，钛合金板带材生产主要有热轧中厚板材、炉卷轧制薄带卷材和可逆冷轧薄带材。以 Ti-6Al-4V 合金板带材工业生产为例，热轧中厚板材头尾、边部与中部温差导致板材的同板、异板厚度精度和强塑性能差别过大，成品率降低。钛合金薄板轧制一般采用多片包套叠轧和可逆冷轧配合多次退火。这些生产工艺存在变形抗力大、易产生边裂、工序烦琐、加工效率和成材率低等问题，尤其是厚度在 0.4 mm 以下生产难度很大。针对上述问题，本研究在中试轧制技术、装备和产品研发创新平台基础上，提出了温变形轧制 + 温度时效热处理工艺技术，通过动态应变时效，强化低温下的剪切变形作用，实现了 Ti-6Al-4V 合金板带材在温轧过程中的组织性能控制，如图 1 所示。

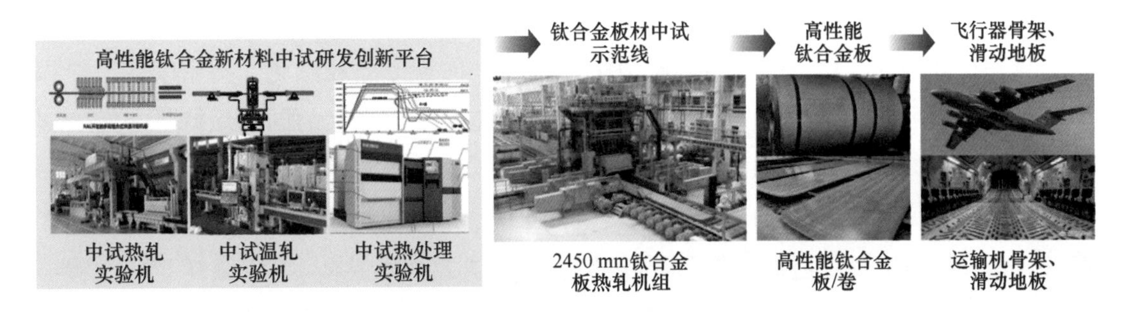

图 1　高性能钛合金板带材温轧工艺中试技术及工业应用

2 关键技术研究进展

针对钛合金宽厚板热轧过程中头尾、边部与中部温差导致板材的同板、异板厚度精度和强塑性能差别过大及成品率降低等问题，将加热炉、辊底炉前移，缩短主轧机正反向轧制切换时间，提高电液压下速度和辊道速度，有效加快轧制节奏。板坯一个轧程即达到85% ~90%变形量，终轧温度提高 90 ~ 110 ℃，头尾、边部温度差由原来的 150 ℃降低到 30 ~ 50 ℃，使钛合金成品板材的力学性能、组织均匀性大幅提高，综合成品率达到96%。

在钛合金薄板轧制方面，对自主开发的高精度液压张力冷轧机实验轧机进行改造，可实现从室温至 800 ℃温度范围内的带张力恒温轧制工艺实验研究。开发出包括在线试样加热、在线温度测量、液压微张力控制、厚度软测量、异步轧制等液压张力温轧机的关键技术。在原有液压张力机构的基础上增加一套在线加热装置，利用电阻加热的方法直接加热轧制中的单片带钢试样，实现单片带材的恒温轧制；开发了接触式测温装置，能够针对不同金属带材更加真实准确地测量轧件温度，达到精确控制轧件加热温度的目的。通过在左右张力液压缸内安装高精度的位移传感器测量轧件在轧机入口和出口的位移，开发了秒流量厚度预估模型和前后滑预计算模型，配合宽展预计算模型，厚度预计算精度可达微米级，同时获得了精度较高的前滑和后滑系数，实现微张力控制。

通过液压张力在线温轧结合随后的热处理工艺，获得了板形优良和性能较佳的 Ti-6Al-4V 合金温轧薄带，实现了 Ti-6Al-4V 合金薄板温轧过程中的组织性能控制，如图 2 所示。进展如下：

（1）研究了初始组织、温轧温度和变形量对 Ti-6Al-4V 合金薄带组织和力学性能的影响，分析了温轧过程中的再结晶行为和变形机制。随着温轧温度的提高，强度的增幅降低，塑性的增幅增加。综合考虑温轧薄带的力学性能、表面质量和温轧能耗等方面，确定出 Ti-6Al-4V 合金在线温轧的最佳温度。随温轧变形量增加，晶粒细化和位错累积程度增大，诱发的再结晶比例接近 20%，实现了晶粒细化、高密度的位错积累和部分再结晶（超细晶）与细条晶粒的组合，在保证高强度的同时保持了一定的塑性，轧态力学性能：抗拉强度 1366 MPa，伸长率 8.2%。

（2）通过不同的初始组织（等轴（Equiaxed，EQ）、双峰（Bimodal，BM）和片层（Lamellar，LM））在温轧过程中的组织演变行为及力学性能。LM 试样变形过程中位错传递和跨越晶界的能力较差，容易造成应力集中，虽然强度提高，但塑性大幅降低；而 EQ 试样中的等轴 α 相，在变形过程中位错传递的能力较强，表现出低强度、高塑性特征；BM试样为等轴α_p和细针状α_s组成的双峰组织，表现出较佳的强塑性匹配，其抗拉强度1313 MPa，伸长率9.2%。

（3）研究了低温退火工艺对Ti-6Al-4V合金温轧薄带组织演变和力学性能的影响，分析了退火过程中的静态再结晶行为和强塑性机制。温轧薄带的细晶区域累积了较高的形变储能，在退火过程中优先发生静态再结晶的形核和长大。随着退火温度的增加或保温时间的延长，薄带的静态再结晶比例增加，塑性提升；退火过程中纳米级β晶粒的钉扎效应有效抑制了晶粒的粗化，并保持了较高的位错密度；由超细等轴再结晶和细条晶粒组成的双峰组织有利于强化和增塑，进一步改善了温轧薄带的强塑性匹配：抗拉强度和伸长率分别为1305 MPa和11.2%。

（4）研究了快速热处理工艺对Ti-6Al-4V合金温轧薄带显微组织和力学性能的影响。快速加热瞬时保温的固溶处理过程中，得到的双峰组织具有良好的应力应变分配效果，制备的薄带具有优良的强塑性匹配：抗拉强度和伸长率分别达到1325 MPa和12.8%。

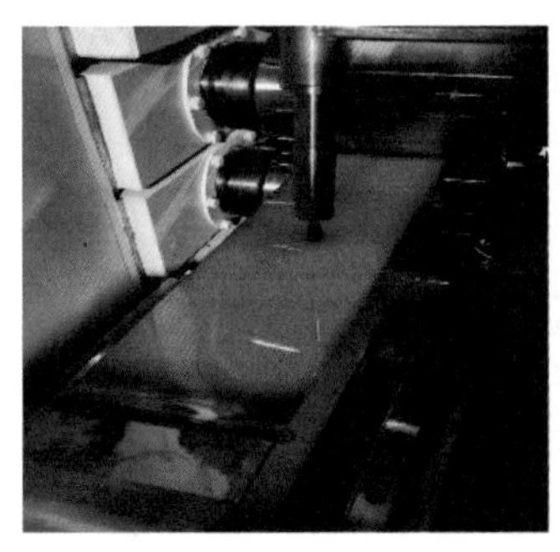

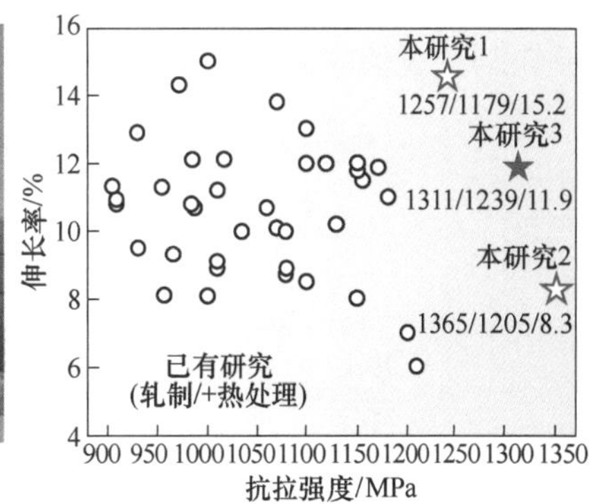

图2　高性能温轧薄带制备及力学性能

3　推广应用

针对高强韧性能钛合金等难变形板带材新产品研发，在恒温、低温轧制工艺与装备技术和新材料制备的难点上寻求突破，东北大学与鞍钢集团攀钢（钒钛）钢铁研究院密切合作，建立了真空电弧熔炼、热轧、温轧、冷轧和热处理全流程的高性能钛合金板材制备中试基地。500 mm高刚度热轧中试实验轧机，通过电加热炉、轧辊加热装置和轧机双侧辊底炉补热工艺，可以对400 mm厚板坯进行快速升温轧制、恒温轧制和大转矩低温轧制，2 mm成品厚度钛合金薄板终轧温度达到900 ℃，本轧机吃料厚度与生产线轧机的坯料厚相一致，可以实现生产轧机的轧制压缩比；

350 mm 液压张力冷温轧实验轧机，可以对单片热轧坯料施加张力并且在线大电流快速提温轧制、恒温轧制和等温轧制，薄板坯料在线温度控制 100～900 ℃范围的任意温度。

应用东北大学研发的“热—温—冷轧制变形＋固溶时效形成的两阶段轧制工艺与装备技术”，通过动态应变时效，发挥细晶强化和固溶强化的剪切变形作用，在钛合金极薄规格带材中试轧制示范线上，利用在线温轧工艺制备出 0. 26 mm 的 TC4 薄带，实现钛合金板带材轧制工艺的强度与塑性的最佳匹配，解决高强韧钛合金材料性能不均匀、加工性差、边裂严重、成材率低等技术难题，实现脆性材料在温变形过程中的组织性能控制，使高质量纯钛、钛合金板材制备技术、成材率和生产效率大幅度提升。

东北大学研发的宽厚板轧线高精度信息化控制系统和高质量钛合金板材轧制生产新工艺技术已经在西部钛业 2800 mm、新疆湘润 2450 mm 宽幅热轧产线应用，生产的 TC4、TC4ELI、Ti70、TA5 等高质量钛合金板材成功应用于国家重要工程，满足了国家重大型号装备的急需。目前，东北大学研发团队正在与宝钛股份公司就 3300 mm 钛板轧制产线信息化、自动化控制系统和轧制工艺装备的升级改造工作签订技术协议。

李建平　孙　涛　蓝慧芳　牛文勇　高文柱　李麦海

以变应万变——差厚板新技术的开发

1 研究背景

差厚板是沿长度方向厚度周期变化的金属板材，根据零件承载变化定制各区域厚度。因其减重好、吸能高，受到汽车行业青睐。

前期东北大学差厚板团队围绕差厚板技术在轧制理论、装备、生产工艺、应用产品等方面进行创新，自主设计集成了 900 mm 宽幅差厚板工业化生产线，打破了国外企业对该技术的垄断，大幅度降低了该产品的销售价格。

在过去的几年里面，国内新能源车企发展迅猛，销量不断突破。由于续航里程提升，电池重量短期内无法下降，为此对白车身轻量化要求越来越高，这极大促进了差厚板产品的推广应用。由于车型设计的多元化、轻量化和更高的安全性要求，对差厚板技术提出了新的技术要求：宽幅更宽、厚度和平直度精度更高。同时作为通用性轧制技术，其他金属材料领域也对差厚板提出了需求。

2 关键技术研究进展

针对各种新的需求和应用前景，课题组针对汽车一体式差厚板门环、不锈钢差厚板、铝合金差厚板等产品进行了积极有效的探索。

（1）集成 1050 mm 最宽幅差厚板生产线：差厚板越宽，可以覆盖的差厚板零件范围越广，同时对于一些窄尺零件，可以实现多倍尺生产，从而提高材料利用率。国外差厚板产品最大宽度为 750 mm，已经无法满足现有客户的需求。为此课题组在原 950 mm 轧机生产线的基础上，对机械设计、液压系统、张力系统、测量系统、控制算法集成等多个方面进行了全新整合，设计了全球最宽幅的 1050 mm 差厚板生产线，设计产能 6 万～8 万吨/年，最大可轧宽度 900 mm，尺寸控制精度 ±0.04 mm。该生产线于 2023 年初投入生产，通过一年的爬坡生产，最大轧制产品宽度已经达到 840 mm，厚度精度和平直度指标均处于世界领先水平。

（2）一体式差厚板门环产品开发：由于碰撞标准的不断提升和完善，侧碰和小角度碰撞要求得到重视，为了响应该要求，将 A 柱、B 柱、上门槛、下门槛等零件拼焊在一起进行一体成型的一体式门环技术逐渐受到重视，新一代的很多新能源车纷纷提出需求。为进一步减低重量，并减少焊缝数量节省焊接成本，适合一体式门环用差厚板产品的开发得到关注。之前的差厚板 A 柱、B 柱和门槛都是独立零件，对于厚度精度和板形精度要求不高，但一体式门环产品要求在热成型前进行拼焊，这对于差厚板的尺寸精度是极大的考验，为此课题组基于周期变厚度轧制特点开发了基于时空约束的变厚度控制模型算法，并根据变厚度轧制过程张力和速度变化，重新设计张力装置并提出相应的控制算法，从而将等厚度区厚度精度提升至 ±0.025 mm，整体差厚板板材浪形高度不大于 4 mm，制成的一体式差厚板门环样件顺利完成焊接和热成型，获得客户高度认可，经过重新设计的一体式差厚板门环产品重量下降约 16.7%，综合成本下降 6% ~8%。

（3）汽车排气系统用不锈钢差厚板产品：汽车排气管系统目前大多采用 4 系不锈钢进行制造，以降低生产成本，为了进一步挖掘成本和轻量化潜力，汽车排气管系统中的消音包、不锈钢管以及一些桶形零件可以采用差厚板设计。与常规的热冲压产品不同，这些零件需要满足后续翻边、辊弯和驼峰成形的需要，所以其常温下的成形性能要求需要进行调控。为此在常规差厚板尺寸控制的基础上，根据下游厂家现有设备进行相应的热处理工艺开发、跟踪系统开发和设备改造等。针对不锈钢差厚管，通过多轮实验，将对应的差厚卷进行氢气退火后，成功进行了连续不锈钢差厚管的辊弯、焊接和弯管开发，各厚度区力学性能均匀，焊接过程无褶皱，无漏焊，弯管及破、胀、压等实验均满足要求。针对不锈钢差厚卷桶，变厚度轧制后采用网带式钎焊退火炉进行热处理，并控制冷却速度，有效避开 475 ℃脆性区间，成功制备了桶形不锈钢零件。针对消音包，通过优化设计，减重 24%，轧硬态下翻边性能满足成形要求。

（4）6 系 Al 合金差厚板制备的工艺的开发与优化：作为时效强化型品种，6 系 Al 合金在汽车结构件上取得较好的应用。鉴于 6 系 Al 合金板的工艺特点，制定了两种 Al-TRB 的制备工艺，系统分析了两种制备工艺下 Al-TRB 组织性能的演变规律。常规工艺：变厚度轧制–固溶处理（(490 ~550) ℃ ×(5 ~30) min)–淬火–预时效（(80 ~180) ℃ ×(5 ~15) min)，最后结合冲压和烘烤硬化处理。制备的 Al-TRB 薄区和厚区的力学性能差异化较小，综合力学性能优良。变厚度轧制后，薄区和厚区抗拉强度分别达到了 396 MPa 和 369 MPa，断后伸长率仅有 7.8% 和 13.9%，力学性能差异化明显。固溶后，Al-TRB 发生完全再结晶，晶粒细小均匀，极大程度上减小了薄区和厚区力学性能差异化。预时效处理使 Al-TRB 形成较为稳定的 GP 区，在后续烘烤硬化过程中 GP 区基本不发生回溶，能快速稳定生成 β″相，有效抑制自然时效，提高 Al-TRB 的烘烤硬化能力。烘烤硬化后，薄区和厚区力学性能差异化较小，Al-TRB 薄区的屈服强度、抗拉强度和断后伸长率为 197 MPa、303 MPa 和 27.5%，厚区的屈服强度、抗拉强度和断后伸长率为 201 MPa、295 MPa 和 30.1%。烘烤硬化前预应变量的增加，使 Al-TRB 烘烤硬化后强度进一步提高。当 2% 预拉伸 + 烘烤硬化后，Al-TRB 薄区和厚区的 BH 值为 97 MPa 和 106 MPa，薄区抗拉强度可达 302 MPa，断后伸长率为 27.6%；厚区抗拉强度为 300 MPa，断后伸长率为 29.4%，与原料相比，强度基本相当，但常规工艺制得的 Al-TRB 的 BH 值和断后伸长率更高。为了进一步利用差厚板制备工艺提升 Al-TRB 的强度上限，课题组在常规工艺研究的基础上继续挖掘潜力。研究表明，大差厚比轧制后，CR 态 Al-TRB 薄区和厚区断后伸长率较低，分别为 5.3% 和 17.7%，退火处理虽能使轧硬态 Al-TRB 的塑性提升，但强度降低更为明显。为此在变厚度轧制前进行预变形和预时效处理，变厚度轧制后在 120 ℃进行 2 ~ 3 h 再时效，能使 Al-TRB 发生一定程度的位错回复，降低其位错密度，但也会析出 Al-Si-Fe-Mn 相和 β″相。位错回复和沉淀硬化的共同作用，同时提高了 Al-TRB 的强度和断后伸长率，Al-TRB 薄区抗拉强度达 385 MPa，断后伸长率为 13.3%；Al-TRB 厚区抗拉强度为 303 MPa，断后伸长率为 22.6%。烘烤硬化后，位错密度进一步降低，弥散相长大，2% 预拉伸 + 烘烤硬化后，薄区抗拉强度可达 406 MPa，断后伸长率为 12.1%；Al-TRB 厚区抗拉强度可达 337 MPa，断后伸长率为 20.0%，整体强度远高于原料。新工艺制得的 Al-TRB 突破了传统 6 系铝合金的强度上限，极大地利用了沉淀强化、细晶强化、位错强化的复合效应，极大拓展了产品的应用范围。

3　成果转化效果

差厚板技术成果转化效益明显，课题组成功自主集成设计了全球最宽的 1050 mm 差厚板工业生产线系统，大幅度增加了差厚板的轧制宽度，厚度和平直度等尺寸精度均得到有效提升，产品供货指标处于世界先进水平。不仅能够生产低合金高强钢、热成型钢等系列差厚板产品，而且在高品质一体式差厚板门环开发上取得突破，为新能源车型的轻量化和安全化探索出新的解决方案，如图 1 所示。另外在其他领域，如不锈钢差厚板、铝合金差厚板等，课题组也针对终端客户需求开展了有益探索，对汽车排气管和铝合金车厢部位零件产品进行了初步开发和推广应用，如图 2 所示。

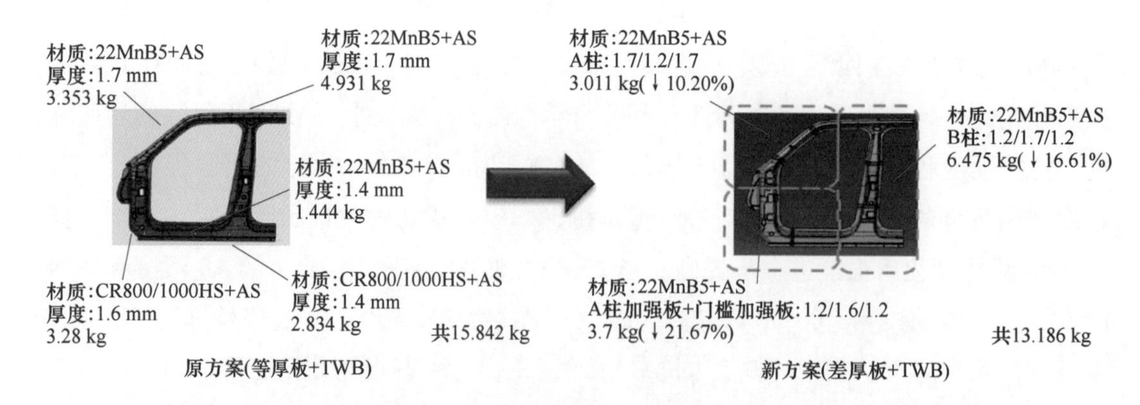

图1 一体式差厚板门环的轻量化效果

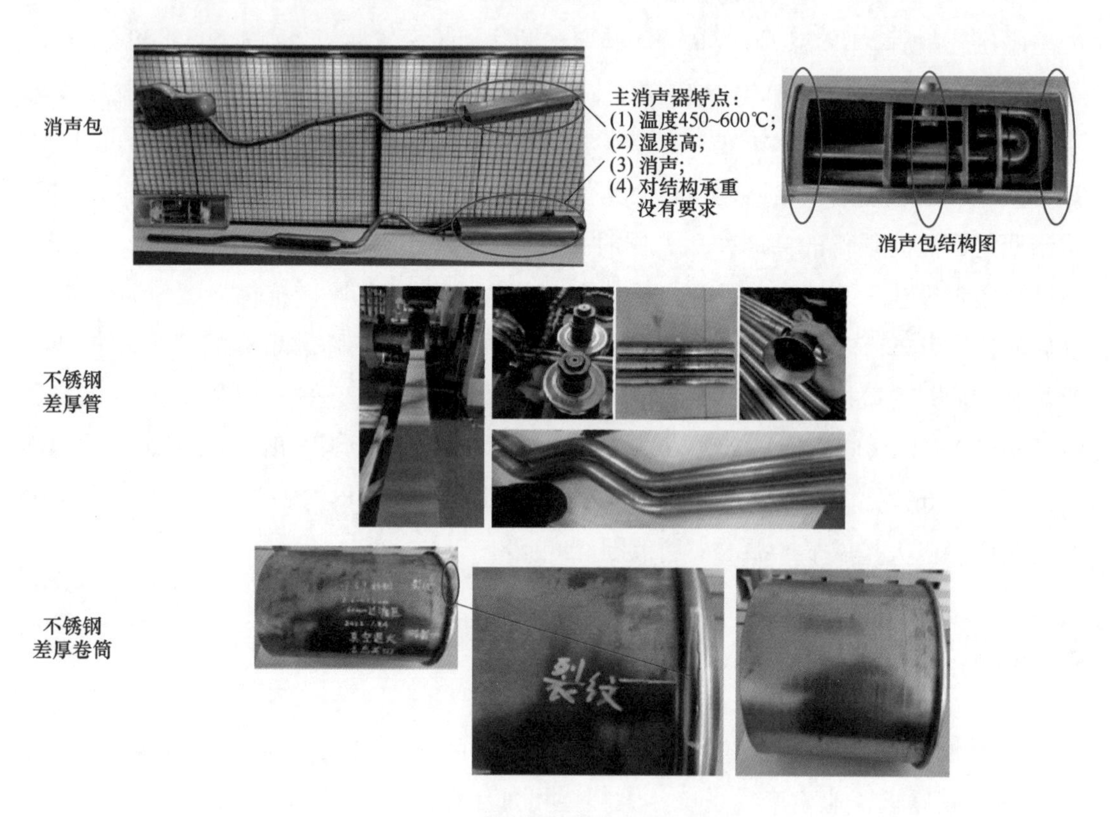

图2 不锈钢差厚消声包、管、卷筒

胡贤磊 支 颖 孙 涛 吴志强 彭良贵

铸轧短流程

方向首席：袁国

2000 MPa 级超高强度-高塑性钢的研究进展

超高强钢是交通、深海、航空航天及国防军工等领域的关键材料，能满足国家对大型装备轻量化、安全性、极端服役环境和特殊使用性能的重大需求。然而，超高强钢普遍面临难以同时增强、增塑/韧的共性科学难题，尤其当强度达到 2000 MPa 时，其塑性显著下降（均匀伸长率小于 6%），同时存在工艺复杂、合金成本高等问题，严重制约其成形及应用。

针对金属材料的“性能倒置”关系，科研人员提出了一系列解决办法，如 TRIP/TWIP 效应、梯度结构、异质结构、位错工程等。但是，因上述机理、机制本身所需的特定工艺，钢铁材料相变的复杂性以及 2000 MPa 级超高强度水平，导致很难将上述机理、机制进行有机结合以用于开发高塑性的 2000 MPa 超高强度钢。引入亚稳相是当前超高强钢用于提升强塑性的常用手段，然而在 2000 MPa 级强度下的效果仍然有限。马氏体时效钢作为最高强度级别的代表，其通过纳米共格析出调控手段可以获得良好的强韧性组合，但均匀延伸率难以突破 8%，并且需要消耗大量的 Co、Ni、Mo 等昂贵合金。近年来，一些制备 2000 MPa 超高强钢的新思路相继提出，在中锰成分体系钢中得到了良好的应用。例如，变形-配分（D&P）钢利用“位错工程 + 亚稳相 TRIP 效应”可以实现 2.2 GPa 屈服强度和 18% 均匀伸长率的优异性能；采用快速加热技术制备的化学界面工程（CBE）钢可以获得 2 GPa 抗拉强度和 20% 左右的均匀伸长率。两项重要研究促进了高塑韧性 2 GPa 金属材料的进步，为极端环境需求材料提供了新的选择。然而，优异性能的获得对工艺依赖性较强，通常需要热轧、冷轧、温轧、多次退火、快速热处理等多种方式相结合，给大规模生产制备带来了巨大挑战，同时相应的产品规格局限于薄板，难以满足工程机械、深海、航空航天等特殊领域对产品规格的要求。因此，探索新的共性机制，突破超高强钢性能“倒置”瓶颈，并实现成分节约和绿色工艺的超高强钢低成本制备，对推动我国装备制造业的高质量发展意义重大。

东北大学 RAL 实验室围绕 2000 MPa 级超高强钢强韧化机理开展了全面系统的研究工作，形成了多个原创理论和关键技术，取得的主要进展如下所述。

（1）创新提出“马氏体拓扑学结构设计 + 亚稳相调控”增塑新机制，突破 2000 MPa 级超高强钢的性能极限。

2000 MPa 级超高强钢的硬相基体为马氏体，其通常呈现无序几何排列方式、多层次结构和高位错密度等特征，变形过程中极易发生应力/应变集中，导致其较差的变形能力，甚至发生脆断。从马氏体变形机理的根本出发，我们研究发现马氏体的性能由空间几何排列结构以及晶体学取向结构共同决定，这源于马氏体自身为长条形晶粒形态，并具有极高位错密度。马氏体中密排面上的滑移系并不等价，其中板条面滑移系（In-Lath-Plane）的开动有利于提高马氏体的持续变形能力，从而提高高强马氏体的塑韧性，但该滑移系仅在有利几何取向下才能开动。这启示我们，通过调控马氏体亚结构的几何有序排列有望进一步提高其塑韧性。

基于上述分析，我们创新提出“马氏体拓扑学结构设计 + 亚稳相调控”的增塑、增韧新机制，并将该机制应用于两种低成本 C-Mn 系钢种（A 钢：Fe-0. 34C-7. 4Mn，B 钢：Fe-0. 39C-7. 8Mn）。采用锻造和低温回火工艺调控两种实验钢中马氏体-奥氏体的形态以及稳定性，最终构筑出一种全新的拓扑学双重有序排列马氏体和多尺度亚稳奥氏体的纳米级多层次组织结构。以 A 钢为例，其组织演变过程为：1）将锻造后的钢材冷却至室温，获得 38. 2% 体积分数奥氏体和马氏体的双相组织；2）为了进一步消除大块奥氏体组织，将实验钢进行深冷处理，保留了 18. 7% 体积分数的奥氏体；3）最后对实验钢进行低温回火处理（300 ℃，20 min），回火过程中发生 C 配分和界面迁移等行为，最终获得了 21. 3% 体积分数且具有较高稳定性的亚稳奥氏体。该组织结构在介观尺度上母相奥氏体和马氏体呈现几何有序排列（图 1）；在微观尺度上，亚微米/纳米级亚稳奥氏体镶嵌于马氏体板条间，纳米析出相呈弥散分布。在变形过程中，该独特结构可以激发板条界面位错滑移、界面塑性和相变诱发塑性（TRIP）等多种增强增塑机制，促使材料具有持续较高的加工硬化能力，从根本上改变马氏体塑/韧性低的问题，实现了 1600 ~ 1900 MPa 屈服强度、2000 ~ 2400 MPa 抗拉强度、18% ~ 25% 均匀伸长率、大于 70 MPa · $m^{1/2}$ 断裂韧性（图 1）。2023 年 1 月 13 日，超高强钢增塑新机制及组织创新设计相关研究发表在 Science 期刊（2023，379：168-173），并入选 ESI 高被引论文。

上述组织设计思路和增塑新机制具有较大的普适性，体现在两个方面：一是该机制可应用于轧制、锻造等多个加工领域，以生产制备大尺寸轴类、薄板、厚板等；二是该机制适用于不同的合金体系，其置换型元素 Mn、Ni、Cr 可替换，以提升材料韧性、耐磨性及耐腐蚀性等。利用该机制，合金 A 在控制热轧或冷轧后经热处理均可获得 2200 ~ 2650 MPa 抗拉强度、10% 以上均匀伸长率的优异性能，同时其横纵向性能优于传统超高强钢，展现出较小的各向异性。此外，通过改变 C 含量，并将部分 Mn 元素替换成 Ni 元素，验证了该机制在不同合金体系下具有相似的应用效果，最终均获得了超高强度-超高塑性的力学性能。如 2Ni 热轧中锰钢可以获得 2000 MPa 抗拉强度、

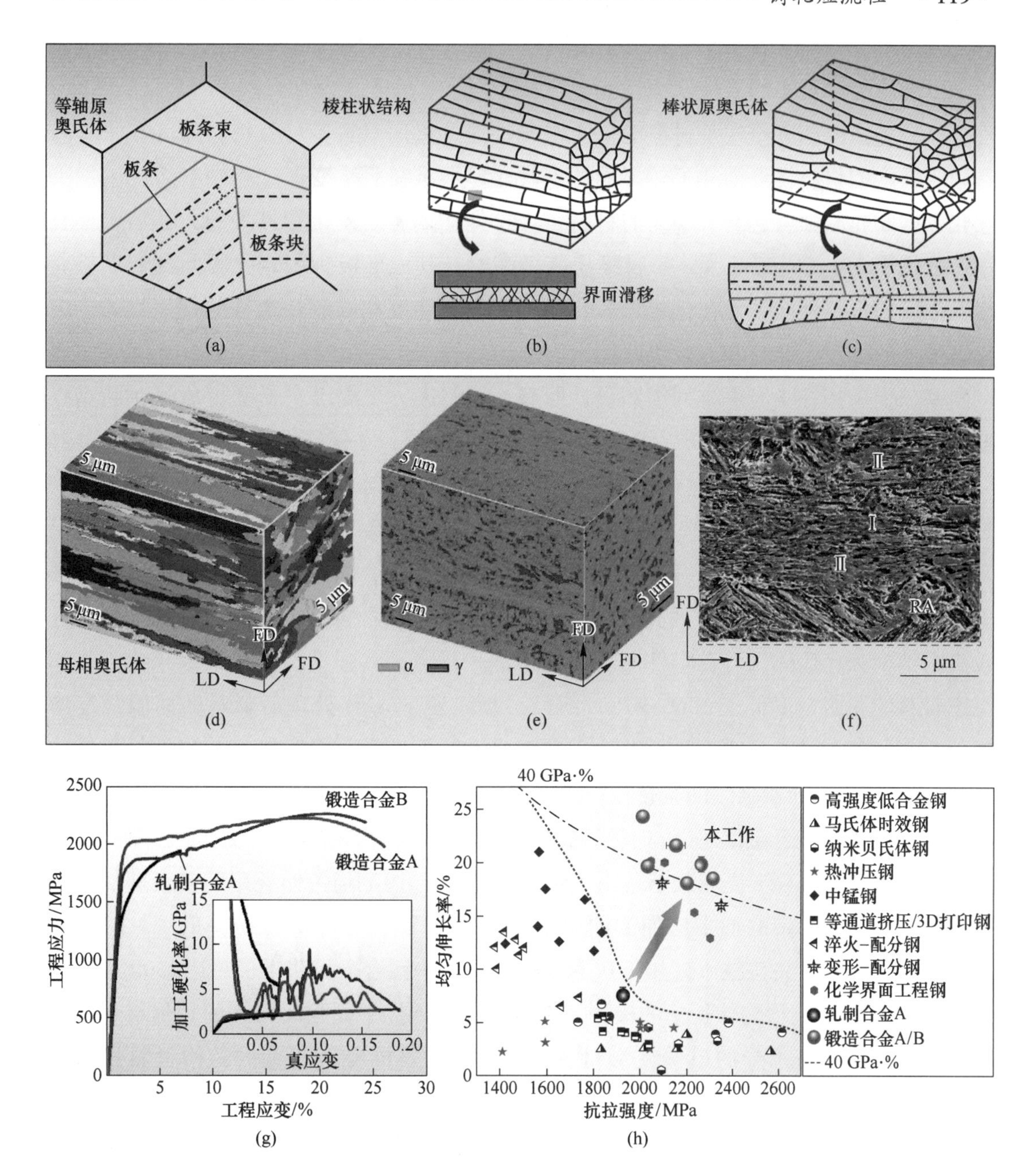

图 1　新型超高强塑性钢的多层次纳米结构构筑（A 钢）

（a）传统马氏体无序排列结构；（b）贝壳材料棱柱状结构；（c）有序排列的马氏体相变拓扑结构；（d）原奥氏体重构；（e）锻造 + 深冷 + 300 ℃，20 min 回火 EBSD 相图；（f）锻造 + 深冷 + 300 ℃，20 min 回火 SEM 形貌；（g）拉伸曲线和加工硬化率曲线（A 和 B 钢）；（h）抗拉强度-均匀伸长率分布

15% 以上均匀伸长率以及 -40 ℃下大于 20 J 低温冲击功的综合优异性能，优于当前同强度级别材料。目前利用上述机制和原理，已开展中试试验，成功制备出大尺寸规格的热轧板材和棒材，突破实验级尺寸限制。

（2）提出“低强度成形 + 超高强度使用”新策略，实现 2200 MPa 以上屈服强度 + 10% 以上均匀伸长率的零件使用性能。

高屈服强度和高塑性是材料的重要服役性能，然而二者不可兼得，原因在于具有高屈服强度的材料已经消耗了较多的加工硬化，很难在后续变形过程中继续产生加工硬化，因此屈服强度达到 2 GPa 的材料，在拉伸初期容易发生塑性失稳，其均匀伸长率一般低于 5%。同时，当材料屈服强度极高时，其成形极为困难，因此我们期望获得低强度的板料性能，而在其成形后获得超高屈服强度和高剩余塑性的使用性能，以提高零件的抗侵入能力和能量吸收能力。

基于上述拓扑学有序排列组织设计原理，我们进一步提出“低强度成形 + 超高强度使用”策略来解决 2000 MPa 级超高强钢的成形难题，并保证超高的服役性能。通过 C-Mn 合金设计和预应变 + 时效工艺成功开发出新型低成本中锰钢，其零件使用性能为 2.0 ~ 2.3 GPa 屈服强度和 8% ~ 14% 的均匀伸长率。Fe-0.24C-7.4Mn 合金的初始组织含有 35.7% 的亚稳奥氏体，使得材料具有低屈强比特性，同时部分奥氏体在成形过程中发生 TRIP 效应，获得良好的成形性能（图 2）。成形后组织中剩余 10% 以上稳定性较高的纳米级奥氏体，可在零件服役过程中进一步提高其强塑性。最终效果为，热加工态材料的屈服强度低于 1000 MPa，而经过预应变 + aging 处理后材料的屈服强度增加至 1760 ~ 2343 MPa，提升 1 倍以上，同时在合适的变形范围保持 10% 以上的均匀伸长率（图 2）。高屈服强度的获得归结于成形过程中的加工硬化以及低温回火处理的烘烤硬化效应。在该合金体系下，其烘烤硬化效应可高达 465 MPa，为目前已知的最高水平。此外，在 2 GPa 高屈服条件下仍然获得了大于 10% 均匀伸长率的剩余塑性，其关键机制为吕德斯带的低平均加工硬化率以及更为缓慢的 TRIP 效应降低了材料加工硬化的消耗速率。将该技术应用于 0.34C/0.39C 等中锰合金，获得了高达 2300 MPa 屈服强度和 10% 以上均匀伸长率的极致零件性能，远远优于同强度级别的其他材料，同时不同合金体系可承受的最佳变形量有区别，可为不同复杂程度的结构材料量身定做。相关成果于 2023 年 5 月发表在金属领域顶级期刊 Scripta Materialia（2023，233：115521）。该技术很好地解决了超高强度钢应用的技术瓶颈之一，即成形困难的问题。此外，由于系列设计合金在室温可以获得较高体积分数的奥氏体，其焊接性能优于传统超高强钢，目前我们正在开展评估研究。

综上，本研究开辟了超高强塑性钢新的研究方向，提出的创新增塑机制解决了一大类超高强钢塑韧性差的难题，同时可拓展应用于各个加工领域及成分体系，形成多样化的性能和产品规格，以适应不同的特殊应用场景。此外，针对成形难题，本研究提出了相应的解决方案，获得了前所未有的超高零件服役性能，有望在汽车、工程机械等领域进行实际应用。

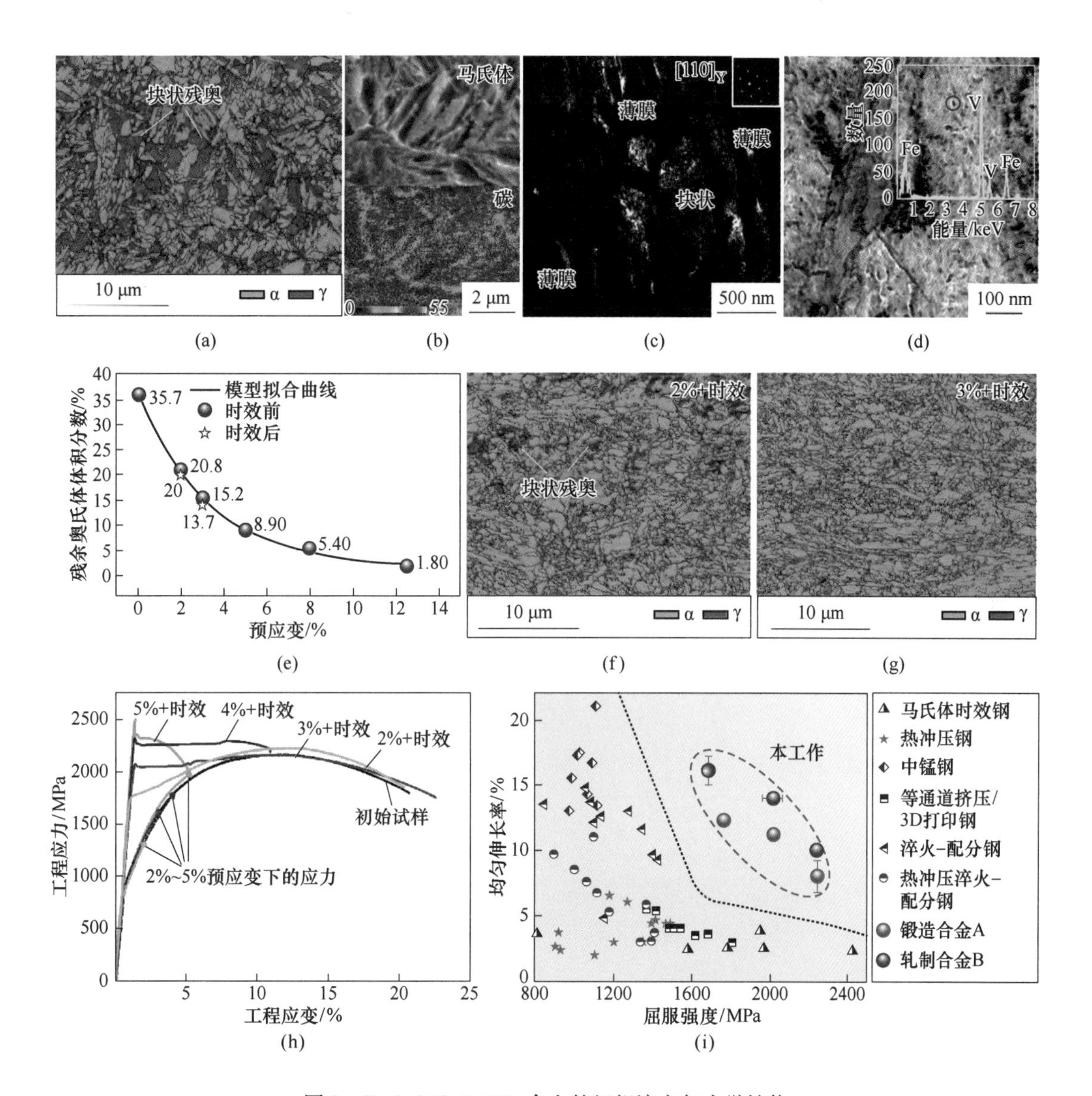

图 2 Fe-0.24C-7.4Mn 合金的组织演变与力学性能

(a)~(d) 热加工态的初始组织；(e) 预应变模拟成形过程中的奥氏体体积分数变化；(f) 2%预应变+时效后的 EBSD 相图；(g) 3%预应变+时效后的 EBSD 相图；(h) 拉伸曲线；(i) 屈服强度-均匀伸长率分布

袁 国 李云杰

新一代超轻量化钢制车身技术

方向首席：易红亮

全强度系列高韧性铝硅镀层热冲压钢技术及应用

近年来，“碳达峰”和“碳中和”已成为影响全球汽车产业发展的重大战略。车身轻量化及提升原材料利用率作为汽车行业实现节能减排的重要举措，一直是汽车行业发展最重要的技术方向之一。热冲压钢是实现汽车轻量化的重要技术手段，其原理是将钢板加热至奥氏体化状态，然后转移至模具内冲压成形，同时利用模具导热实现材料快速冷却，得到高强度马氏体组织，有效解决了超高强度钢冲压成形与强度间的矛盾，实现了高精度、高强度、轻量化零件的高效率、低成本制造。

为避免热冲压钢在加热和转移过程中氧化和脱碳，1999 年国际钢铁巨头安赛乐米塔尔（以下简称“安米”）公司开发了热冲压钢铝硅镀层技术，2006 年定义了铝硅镀层热冲压钢的产品，其产品技术专利在全球主要工业国家均获得了授权，全球各汽车厂商均基于该产品的技术特征定义了相应的材料标准。自此，铝硅镀层热冲压钢在全球汽车工业实现了大规模应用，全球年用量达到 400 万吨以上，其中中国市场约 100 万吨/年，且逐年快速增长。针对汽车车身不同应用场景，尤其是在新能源汽车时代引发的短流程激光拼焊门环一体化车身制造技术推动下，各汽车企业在 1500 MPa 热冲压钢的基础上提出了超高韧性 1000 MPa 及高强韧 2000 MPa 铝硅镀层热冲压钢的需求，安米公司已成功商业化全强度系列材料及激光拼焊门环，但材料韧性提升及延迟开裂风险问题一直没有得到很好的解决，且其激光拼焊工艺复杂导致成本居高不下，这两大问题一直困扰着车身轻量化及一体化制造技术的进一步发展。此外，安米公司已完成了铝硅镀层热冲压钢材料技术、镀层技术、加热工艺及其激光拼焊技术的全球专利布局，形成了用量最大的汽车超高强度钢长达 20 多年的全球独家技术产品供货格局，摆脱这种单一供应链风险和成本可控成为全球车企迫在眉睫的诉求。

2017 年至今，为突破全强度系列铝硅镀层热冲压钢韧性提升及延迟开裂风险降低之核心技术瓶颈，以及提升热冲压工艺与激光拼焊工艺效率及成本压缩等产业化应用关键技术瓶颈与专利封锁，东北大学轧制技术及连轧自动化国家重点实验室易红亮教授团队进行了一系列基础理论研究和技术创新，开发出具有自主知识产权的 1000-1500-2000-2200 MPa 全强度系列新型高韧性铝硅镀层热冲压钢产品，韧性优于全球同强度级别产品 10% ~20% 的同时解决了产业化过程中的一系列技术痛点，打破了安米公司全球独家供货格局。主要技术创新如下所述。

1 热冲压钢高韧性薄铝硅镀层技术

铝硅镀层通常会恶化热冲压钢的弯曲韧性，并使热冲压钢奥氏体化加热所需时间延长，增加了能耗，同时降低了生产效率。研究团队提出“铝硅镀层/基体界面富碳致脆”理论，即奥氏体化加热过程中镀层与基体元素相互扩散使镀层/基体界面向基体移动，导致奥氏体基体界面处大量碳富集，并在随后的冷却过程中形成高碳脆性马氏体（图 1(a)），进而恶化了钢板的韧性。通过减薄镀层厚度以及涂镀前钢板表面微脱碳，抑制界面处碳富集（图 1(b)），使 1500 MPa 级铝硅镀层热冲压钢板的 VDA 三点尖冷弯曲角度由约 54°提高到 65°以上，同时峰值力提升约 10%，综合弯曲强韧性优于原产品 20% 以上（图 1(d)），并同时解决了铝硅镀层热冲压钢延迟开裂问题。此外，团队提出“铝硅镀层熔化及 Fe-Al 合金化反应吸热”理论，即奥氏体化加热过程中镀层熔化以及与基体的合金化反应吸热降低了镀层板的加热效率，纠正了镀层板表面粗糙度降低使热反射增加从而降低加热效率的传统认知。通过减薄镀层厚度，减少镀层熔化及其与基体反应吸热，使热冲压钢加热工艺窗口左移，加热效率较原技术提升约 30%。基于镀层厚度和加热工艺窗口的改变，新技术实现热冲压钢韧性提高、加热时间缩短的同时，突破了安米公司的专利限制。

2 1000 MPa 级高韧性热冲压钢材料技术

1000 MPa 级热冲压钢主要应用于软区（如 B 柱的下端）来提高汽车安全结构件在碰撞过程中能量吸收的能力。公知常识认为贝氏体具有比马氏体更高的韧性，因此原技术要求马氏体基体中引入一定的贝氏体组织。本项目团队研究发现，低碳钢中马氏体具有更高位错密度且碳原子全部位于位错线上，而且贝氏体中的碳化物会显著降低材料强度和韧性，因此相比贝氏体，马氏体具有更高强度的同时兼具更高韧性。结合薄镀层技术，成功研发了 1000 MPa 级全马氏体组织的铝硅镀层热冲压钢 AluSlim ® 1000，其抗拉强度高于 1100 MPa，折弯能量吸收较原技术提升 10% 以上（图 1(c)），并率先打破了安米公司在 1000 MPa 级铝硅镀层热冲压钢产品的全球独家供货格局。

3 2000/2200 MPa 级高韧性热冲压钢材料技术

2000 MPa 级高强度铝硅镀层热冲压钢（抗拉强度淬火态约 2000 MPa，回火态约

1850 MPa）用于车身防侵入件，但原技术韧性缺陷使其碰撞安全性不足，只少量应用于结构加强件中。在前期纳米析出韧化 2000 MPa 级热冲压钢技术基础上，团队通过添加 0.3% ~0.6% 的 Al 元素，提高马氏体相变结束温度，抑制孪晶马氏体生成，得到位错马氏体为主的组织，同时 Al 还可与 N 结合生成固析 AlN 夹杂物，其尺寸远小于 TiN，避免大尺寸夹杂物的生成恶化韧性，开发了超高强度高韧性热冲压钢 AluSlim ® 2000 和 AluSlim ® 2200，AluSlim ® 2000 淬火态抗拉强度约 2000 MPa，回火后约 1850 MPa，VDA 三点尖冷弯曲角不小于 50°；AluSlim ® 2200 淬火态抗拉强度约 2200 MPa，回火后约 2050 MPa，VDA 三点尖冷弯曲角不小于 45°。相较于原工业产品，其综合弯曲强韧性提高 10% ~20%，如图 1(e) 所示，其中 AluSlim ® 2200 为全球最高强度铝硅镀层热冲压钢，同时打破了安米公司 2000 MPa 级铝硅镀层热冲压钢产品的全球独家供货格局。

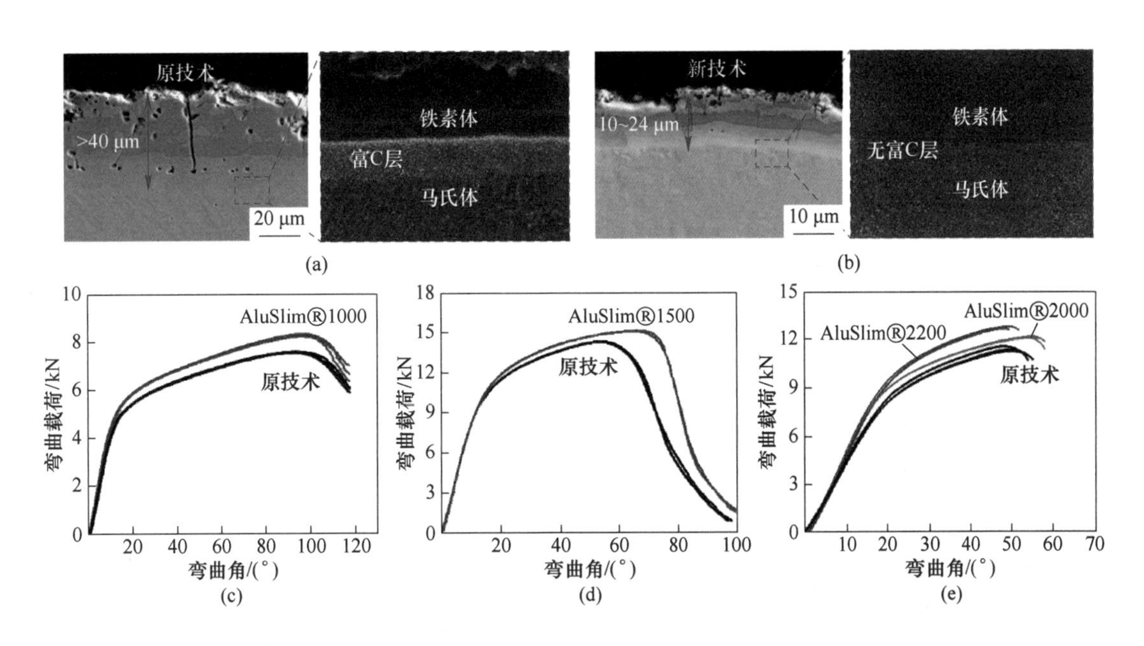

图 1　1000-1500-2000-2200 MPa 全强度系列铝硅镀层热冲压钢微观组织和三点弯曲性能

4　易激光拼焊铝硅镀层热冲压钢技术

热冲压钢激光拼焊一体化成形已成为汽车零件生产的主流趋势。激光拼焊时铝硅镀层中的 Al 进入焊缝，造成热冲压后焊缝中存在软相 δ-铁素体，碰撞变形时易造成焊缝断裂。现有技术一通过脉冲激光剥离表面镀层后再进行焊接，但增加了额外工序，导致工序成本增加 40%；现有技术二采用含有大量奥氏体稳定元素的焊丝进行填丝焊接，中和焊缝中 Al 元素的影响，但是随之带来另外两个问题：一是焊接效率大幅降低，焊接速度从 8 ~ 10 m/min 降低到了 2 ~ 4 m/min；二是在只有 1 mm 宽的焊缝上去做冶金工程控制，焊缝可靠性控制比较困难。新技术铝硅镀层厚度仅为原技术的 1/3，在此基础上，通过基材成分优化实现了焊缝稳定的焊接冶金控制，突破了铝硅镀层热冲压钢可直接激光拼焊的核心技术，实现无工序增加、高焊接效率且高焊接可靠性，焊接效率提高了 30% 以上，同时打破了安米公司全球专利垄断局面。

该技术先后在中国及美国、欧盟、日本、韩国申报发明专利 35 件，相关专利已许可给中国宝武集团、鞍钢集团及欧洲某钢铁巨头，首次实现我国汽车钢原创技术向发达工业国家反向输出。现已通过长城、一汽、东风等国内多数自主品牌车企材料认证，也通过了 GM、PSA 等国外汽车品牌材料认证，为全球首个通过通用汽车高弯曲韧性铝硅镀层牌号（GMW14400）的产品。2021 年开始批量供货，截至 2023 年 8 月累计生产超 6 万吨，授权钢铁企业新增销售额 4.9 亿元，新增效益 9000 万元，在长城、东风、一汽、奇瑞等车企装车应用超过 23 万辆（应用车型如图 2 所示），车企采购成本降低约 2000 元/吨，累计已为车企降本约 2.4 亿元，根据目前车企的材料定点预计 2024 年将实现超两百万辆车应用。该技术获中国汽车工程学会“国际领先水平”科技成果评价，入选《世界金属导报》“2022 年世界钢铁工业十大技术要闻”，获 2023 年中国汽车工程学会技术发明奖一等奖，为我国汽车轻量化技术做出重大贡献，同时也通过轻量化与激光拼焊一体化制造助力国家“双碳”目标。

图 2　高韧性铝硅镀层热冲压钢汽车应用

该技术是产学研合作协同创新的又一代表性成果，东北大学通过基础研究造就了从0到1的科学创新，东北大学孵化的科技企业育材堂（苏州）材料科技有限公司进行技术研发和产业化推广，并联合汽车用钢产业链上下游企业协同创新，实现从原子到车身的全产业链融通发展。该技术协同了汽车钢全产业链参与创新及应用，包括：攀钢集团西昌钢钒有限公司、马鞍山钢铁股份有限公司、鞍钢蒂森克虏伯汽车钢有限公司、鞍钢股份有限公司等钢铁企业，精诚工科汽车系统有限公司保定徐水精工冲焊分公司、东实（武汉）实业有限公司、凌云吉恩斯科技有限公司等热冲压零部件企业，长城汽车股份有限公司、东风汽车集团有限公司、中国一汽股份有限公司等多家汽车企业。

易红亮　周　澍　杨达朋　白冒坤　王国栋

Cr-Si 合金免镀层热冲压钢技术及应用推广

为了满足国家不断提高的汽车安全性能和日益严苛的环保法规的要求，汽车设计者必须考虑车身的碰撞安全和燃油经济性的合理匹配，汽车车身轻量化设计成为解决这一问题最为有效的方法，而轻量化材料是实现汽车轻量化设计的重要措施之一。近年来，热冲压钢已逐渐应用于车身关键部位，如车身保险杠和车身侧面结构的 A 柱、B 柱、车门防撞梁等部位。2010 年起，多数汽车制造商都在白车身上使用热冲压部件，由于热冲压钢的诸多优势，热冲压零件产量及白车身中的热冲压部件占比逐年增加。目前，全球热冲压钢年需求量约为 400 万吨，年产热冲压零件数量超 10 亿件。2021 年，国内需求量约为 120 万吨，其中铝硅镀层板约占 70%，22MnB5 钢裸板约占 25%，镀锌板约占 5%。安赛乐米塔尔公司 2020 年在扬州轻量化大会上估计 2022—2023 年全球铝硅镀层板需求量达 600 万吨以上。虽然铝硅镀层解决了 22MnB5 钢裸板高温氧化的问题，但相比于裸板而言，反而大幅度提高了生产成本（材料成本，而且还需额外支付安赛乐米塔尔铝硅镀层专利费）。另外，因铝硅镀层在高温中易软化，在加热炉内常出现粘辊问题，严重降低辊道使用寿命，影响生产效率，增加维护成本。在加热过程中热冲压钢中的氢被铝硅镀层阻止，无法从钢基体中扩散溢出，从而引发热冲压钢较为严重的氢脆现象。另外，氢在铝硅镀层截面聚集，易造成镀层的开裂。同时，铝硅镀层的引入也会使材料的弯曲韧性相比裸板大大降低。因此，为了满足汽车用钢轻量化、低成本化、安全化的迫切需求，亟须开发出新一代基体具有抗高温氧化能力的超高强韧新型免镀层热冲压钢。

东北大学 2011 钢铁共性技术协同创新中心徐伟课题组与本钢板材研究院和通用汽车中国研究院共同研发了一种新型的 Cr-Si 合金免镀层热冲压钢，为解决这一问题提供了革命性的解决方案。该钢种通过加入适量的 Cr、Si 和 Mn 元素，成功地将三种合金元素的协同抗氧化作用引入到热冲压钢中。这一突破性的技术为免镀层热冲压钢的开发提供了基础。这种新型热冲压钢不仅具有优异的耐高温性能，而且具有出色的力学性能，为各行业带来了新的可能性。主要技术内容如下所述。

1 高温抗氧化免镀层热冲压钢成分体系原创开发

CF-PHS 免镀层热冲压钢的超薄氧化铁皮主要来自其 Cr-Si 的合金体系的协同作用。与 Al-Si 镀层产品在高温过程中利用镀层融化与基体反应生成的合金层不同，CF-PHS 产品与不锈钢类似，通过计算与实验结果改变合金成分中的 Cr/Si/Mn 元素配比，使 Si 和 Mn 元素在加热过程中能够与加热炉中的少量氧气反应，其在氧化膜/基体界面形成的连续非晶态 SiO_2 层以及 Mn 富集氧化物提高了 Cr_2O_3 合金氧化层的致密性，在短时间内起到保护钢铁基体不被氧化的作用（图 1）。在常规 N_2 气氛下，传统 930 ℃-300 s 加热后表面生成氧化铁皮小于 1 μm，显著低于 22MnB5 裸板 6 ~ 10 μm 的氧化铁皮（图 2）。免镀层钢板热冲压后氧化铁皮厚度满足后续焊接、电泳涂装的技术要求，避免了裸板需喷丸处理而引起的零件尺寸精度差的难题。

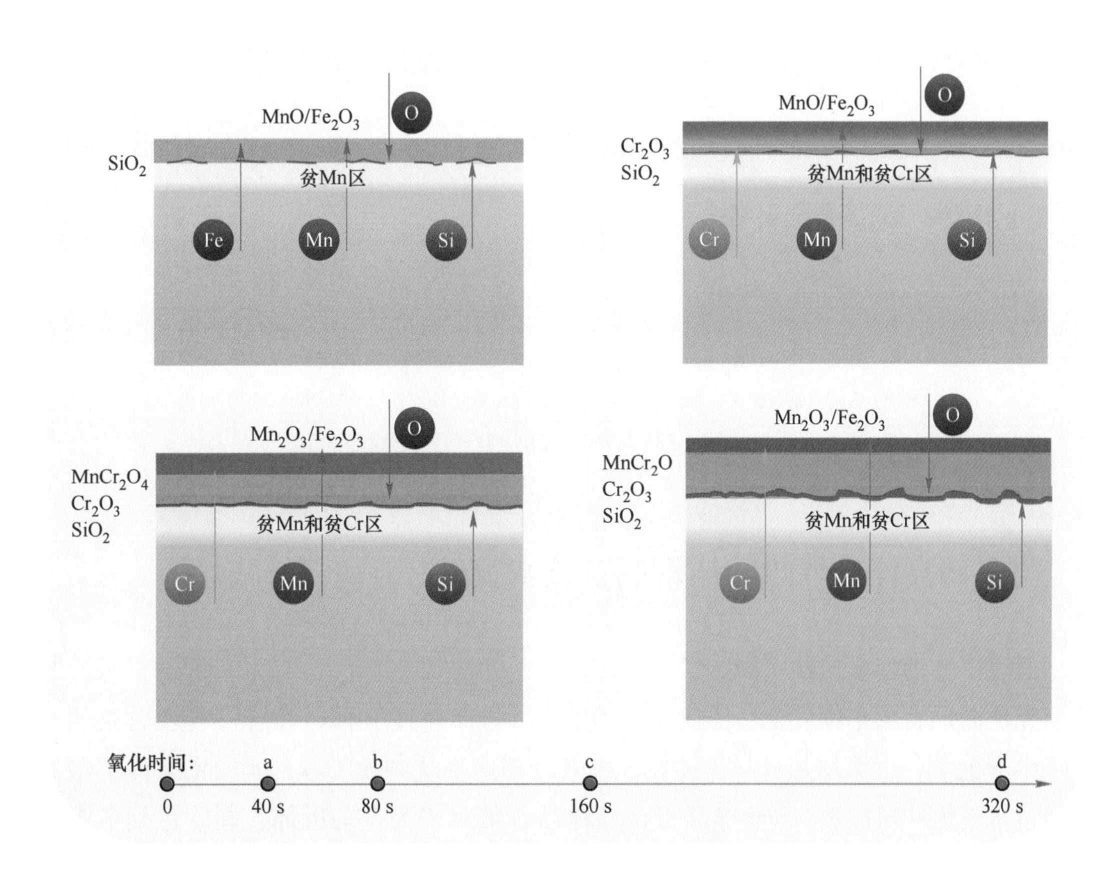

图 1 Cr-Si-Mn 协同作用在模拟热冲压过程中的抗氧化机制

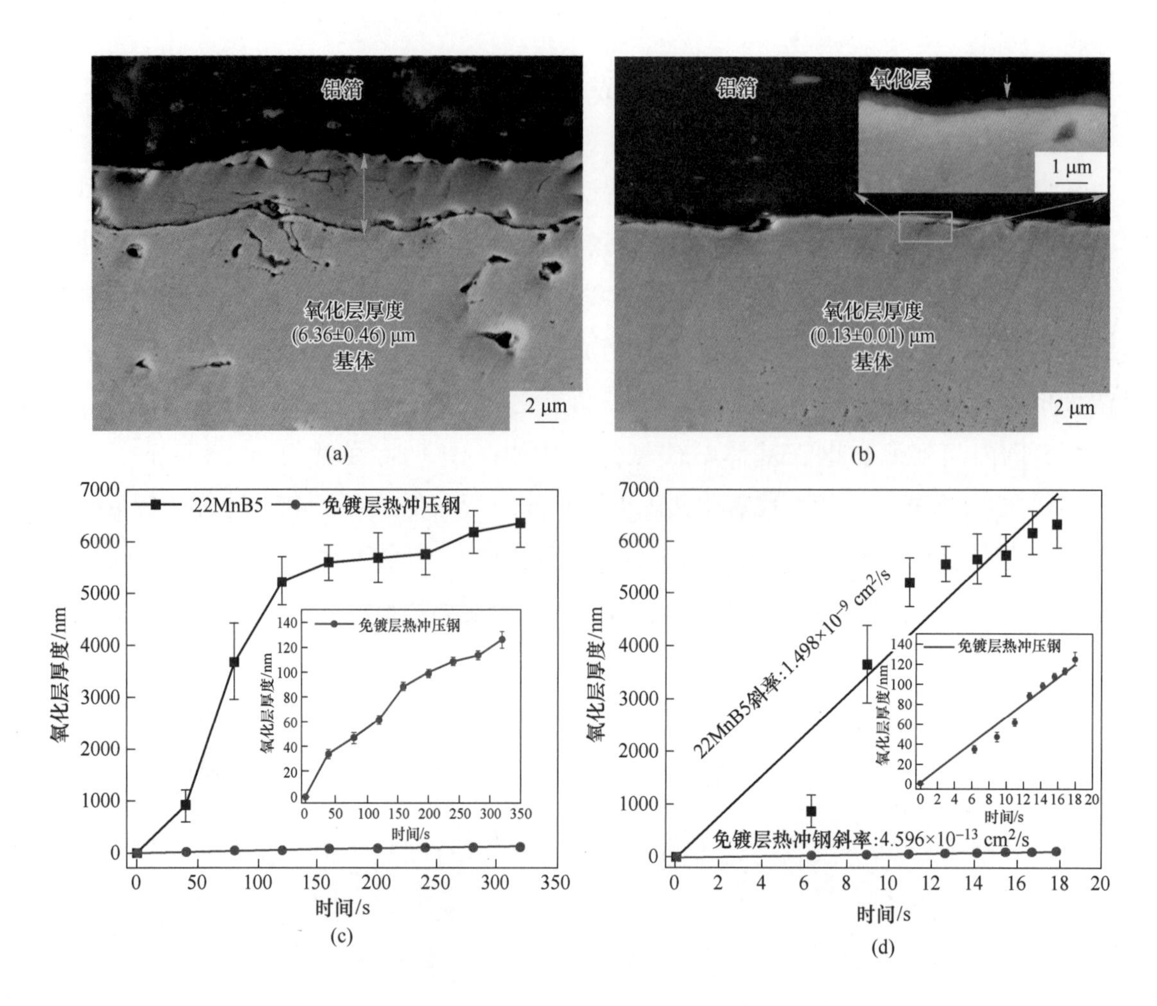

图 2　Cr-Si-Mn 协同作用在模拟热冲压过程中的抗氧化行为

(a) 22MnB5 热成型钢氧化铁皮；(b) CF-PHS 热成型钢氧化铁皮；(c) 22MnB5 与 CF-PHS 的氧化动力学曲线；(d) 22MnB5 与 CF-PHS 的氧化动力学曲线

2　高强韧高淬透性热冲压钢制备技术突破

通过多物理场模拟技术确定了传统 22MnB5 材料淬透性不足，27 ℃/s 的极限冷却速率无法满足商用车零件全马氏体组织的需求。进而通过添加 Cr 元素，免去常规热冲压钢中 B 元素，大大增加材料淬透性，极限冷却速率达到 5 ℃/s，实验室条件下最后可通过常规热冲压淬透 8 mm 样品板，且样品心部组织为全马氏体，硬度达到免镀层热冲压钢零件需求。同时添加 Nb 元素，通过 NbC 颗粒钉扎与 Nb 元素溶质拖拽效应，利用热轧过程中的控轧控冷技术，大幅度缩小原始奥氏体晶粒尺寸，由 22MnB5 钢的 10 μm 缩小为 5 μm，进一步提升强塑性。利用 Cr-Si 元素在冷却过程中的促进配分与抑制渗碳体析出特性，通过控制热冲压过程中的保压压强与时间，促进碳元素动态配分，获得4.5%左右的残余奥氏体，实现抗拉强度1700 MPa、伸长率8%~9%、冷弯角度60°的高强塑性匹配。

3 兼容传统工艺的柔性直接激光拼焊技术

免镀层热冲压钢的合金体系与生产过程中规避了加入稳定高温铁素体的Al元素，使CF-PHS材料可以进行直接激光拼焊，而不在焊缝区域生成高温铁素体软相，焊缝在热冲压后强韧性与基体类似，解决Al-Si镀层板拼焊过程中的镀层剥离问题，规避安赛乐米塔尔在镀层剥离领域的专利垄断。同时，技术团队根据市场需求，开发了适用于不同强度与厚度规格的柔性直接激光拼焊技术，可以兼容现有的22MnB5裸板激光拼焊工艺参数，大幅节省企业的替换成本。

4 高Cr-Si成分体系热连轧及表面处理技术创新

针对Cr-Si体系钢种，进行了不同温度（高温）下的变形抗力研究，通过热模拟高温对应压下速率变形抗力测试，实现了热轧机组轧制力预报及负荷分配数模优化。面向“以热代冷”热轧薄规格的需求，进行板形控制工艺优化。因材料的高强度，尾部抛钢时轧制力接近软极限值，团队有针对性地进行了带钢机组的轧制优化。Cr-Si材料淬透性好，为避免带钢横截面强度不均，新建了层流冷却控制模式，同时通过对钢卷的前处理，实现了通卷组织与性能的均一性优化。针对CF-PHS免镀层的需求，热轧成品态及热冲压后的氧化铁皮厚度均要求小于1 μm，而高Cr-Si体系钢种的氧化铁皮结构复杂且较为致密，并与基体结合紧密。针对这一问题，团队创新采用“盐酸酸洗+机械除磷”表面处理的方式去除热轧氧化铁皮，使热轧CF-PHS出厂态氧化铁皮厚度达到500 nm以下，满足后续热冲压需求。

该技术授权国内专利6项、PCT专利2项，相关成果被热冲压领域国际专著收录为经典案例，获2021年中国汽车工程学会轻量化应用技术创新成果大赛一等奖。2022年通过中国钢铁工业协会组织的科技成果评价会，评价委员会认为该成果创新发展了一种新的超高强热轧抗氧化免涂层热冲压钢的制造及应用技术，摆脱安赛乐米塔尔铝硅涂层专利限制，通过“以热代冷”短流程降低生产成本与碳排放，经济效益与社会效益潜力巨大。该产品为国际首创，达到了国际领先水平。免镀层钢热冲压后的性能、氧化铁皮厚度、焊接性能、胶粘性能以及氢脆延迟开裂性能等各项指标均达到通用汽车的测试与评价要求，通用汽车相关新车型材料认证已接近完成，并已完成多个零件试制（图3）。凌云吉恩斯、上海赛科利、上汽集团、理想汽车、加拿大 Multimatic 公司等国内外汽车及零部件生产厂商均有意向推进免镀层热冲压钢的材料评价工作。该项目及 CF-PHS 1500 产品的全球首发为汽车行业的新一轮轻量化进程提供了技术保障，使我国钢铁企业、零部件行业、汽车生产商等技术企业摆脱国外厂商的技术限制，促进材料升级换代，为推动我国制造业高质量发展做出了贡献。

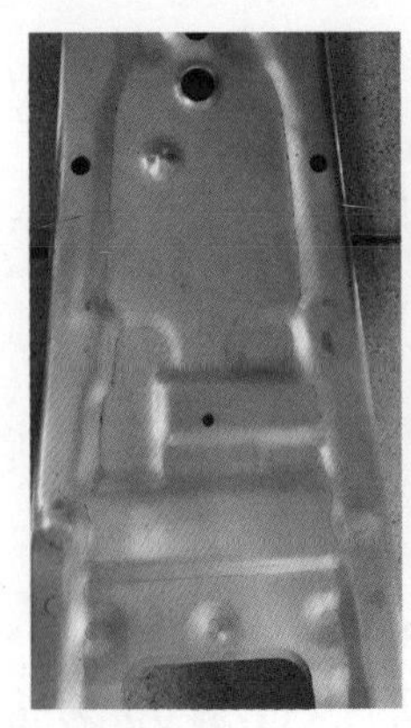
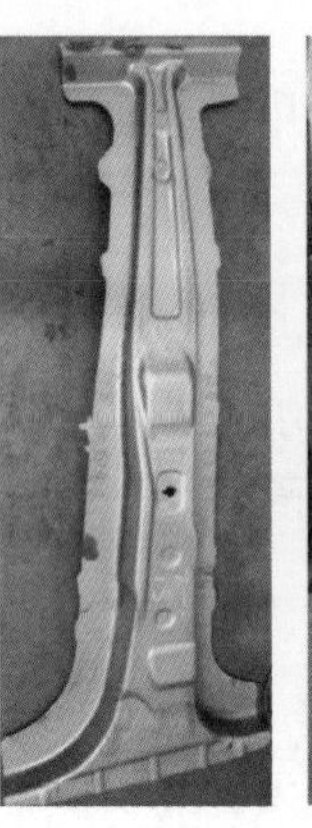
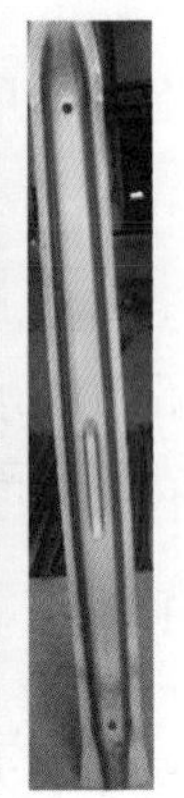

图3　免镀层热冲压钢零件展示

徐　伟　王灵禹